Kunstformen der Natur

自然的艺术形态

Ernst Haeckel

[德]恩斯特 · 海克尔 著

王梅 译

江苏凤凰文艺出版社
JIANGSU PHOENIX LITERATURE AND ART PUBLISHING

后浪

图书在版编目（CIP）数据

自然的艺术形态 /（德）恩斯特·海克尔著；王梅译．-- 南京：江苏凤凰文艺出版社，2023.12

ISBN 978-7-5594-8067-5

Ⅰ．①自… Ⅱ．①恩… ②王… Ⅲ．①自然科学－普及读物 Ⅳ．① N49

中国国家版本馆 CIP 数据核字 (2023) 第 199005 号

自然的艺术形态

[德] 恩斯特·海克尔 著 王梅 译

策　　划 尚　飞
责任编辑 曹　波
特约编辑 何子怡
内文制作 李　佳
装帧设计 墨白空间·李　易
出版发行 江苏凤凰文艺出版社
南京市中央路 165 号，邮编：210009
网　　址 http://www.jswenyi.com
印　　刷 河北中科印刷科技发展有限公司
开　　本 720 毫米 ×1000 毫米 1/16
印　　张 13
字　　数 103 千字
版　　次 2023 年 12 月第 1 版
印　　次 2023 年 12 月第 1 次
书　　号 ISBN 978-7-5594-8067-5
定　　价 138.00 元

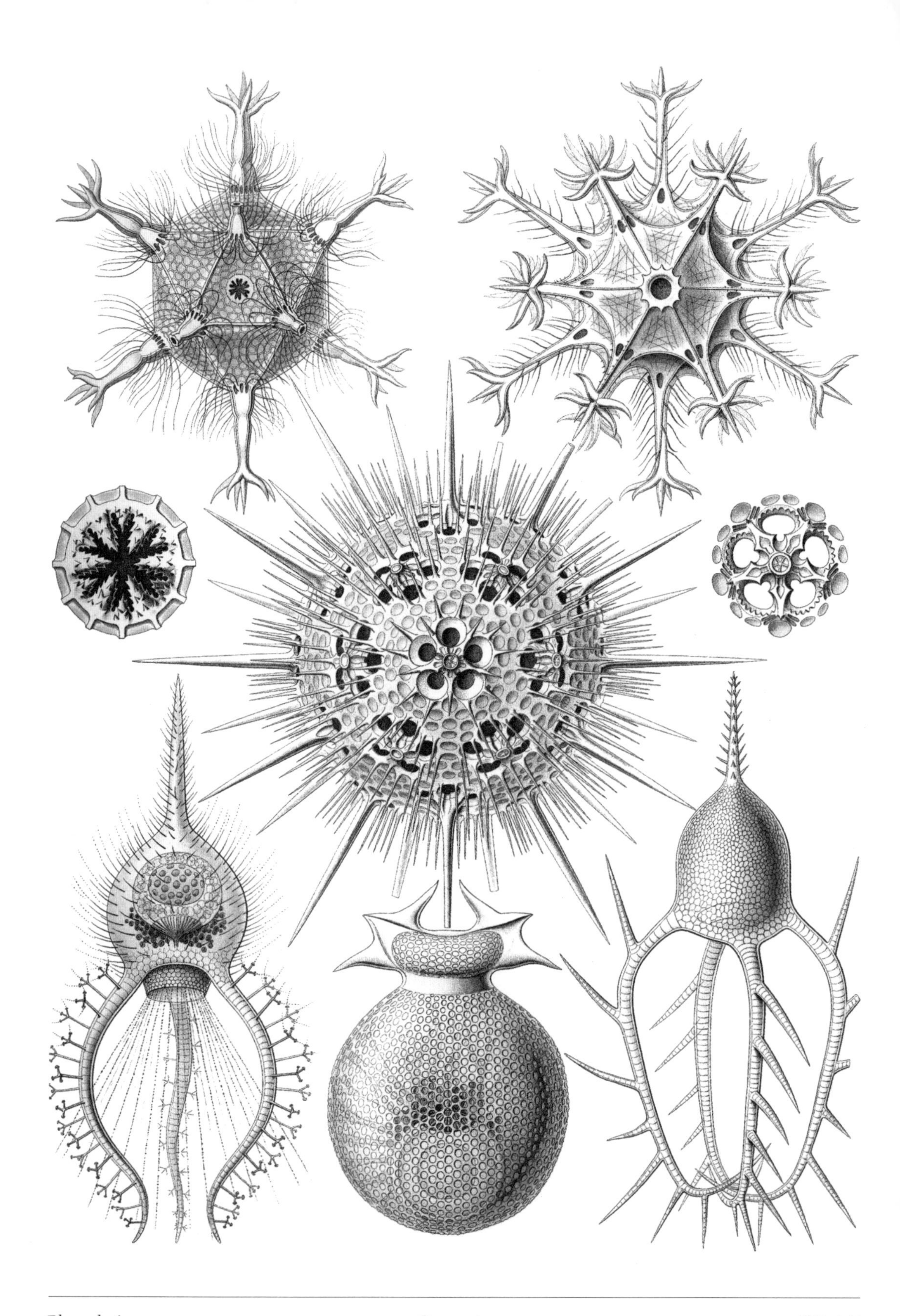

Phaeodaria *Circogonia* 稀孔虫目

Tafel 1

Kunstformen der Natur　　自然的艺术形态

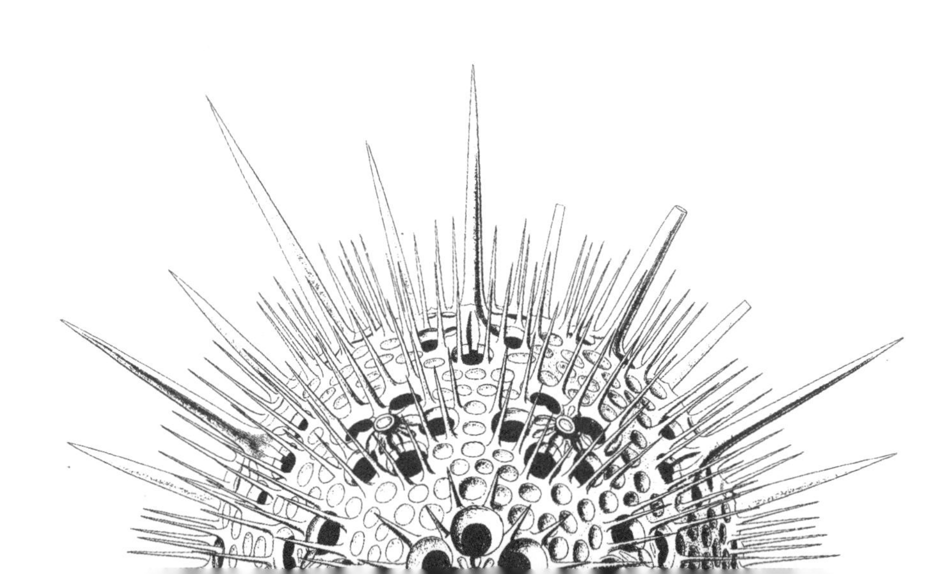

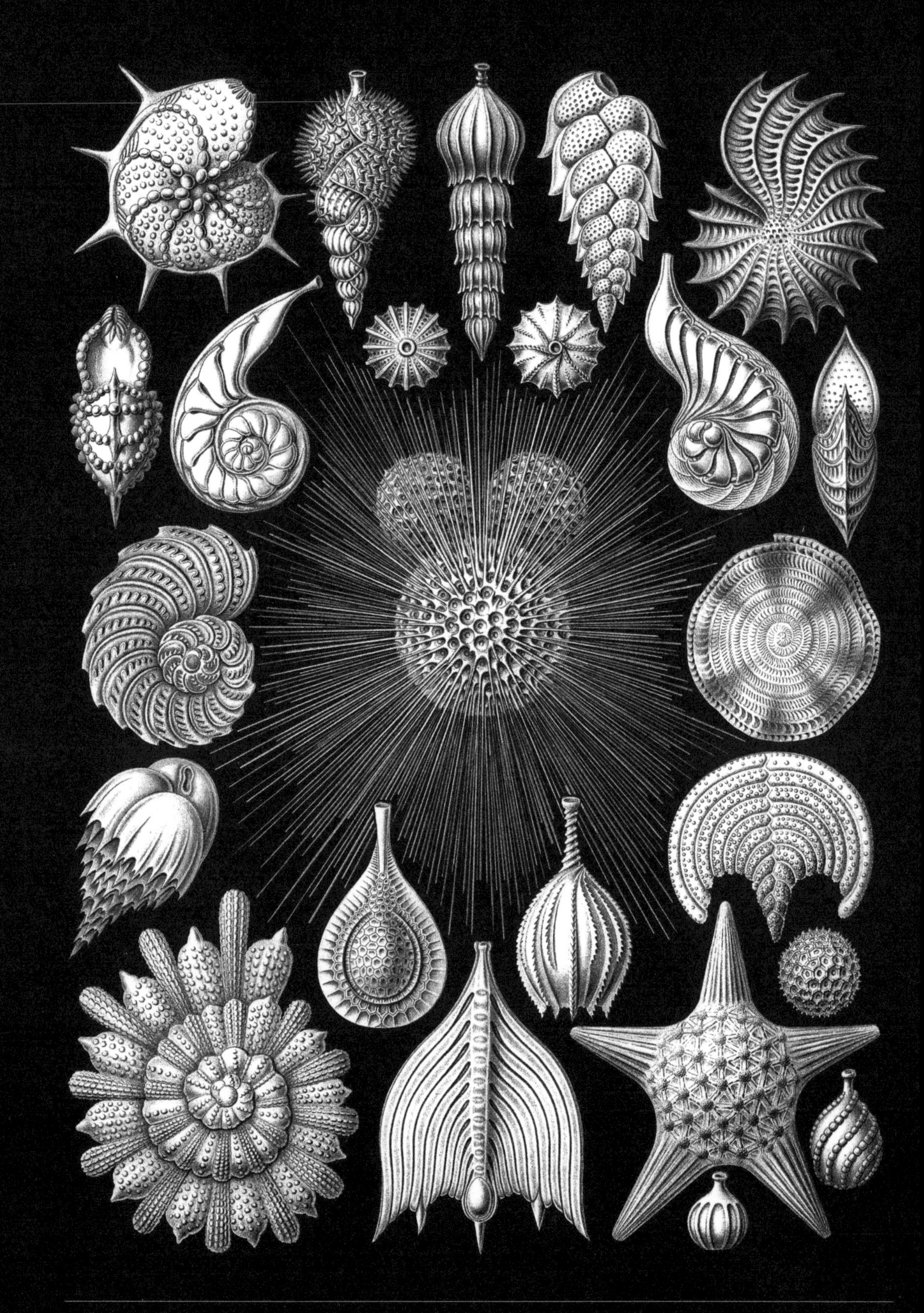

Thalamophora *Globigerina* 有孔虫门

Tafel 2

Kunstformen der Natur　　自然的艺术形态

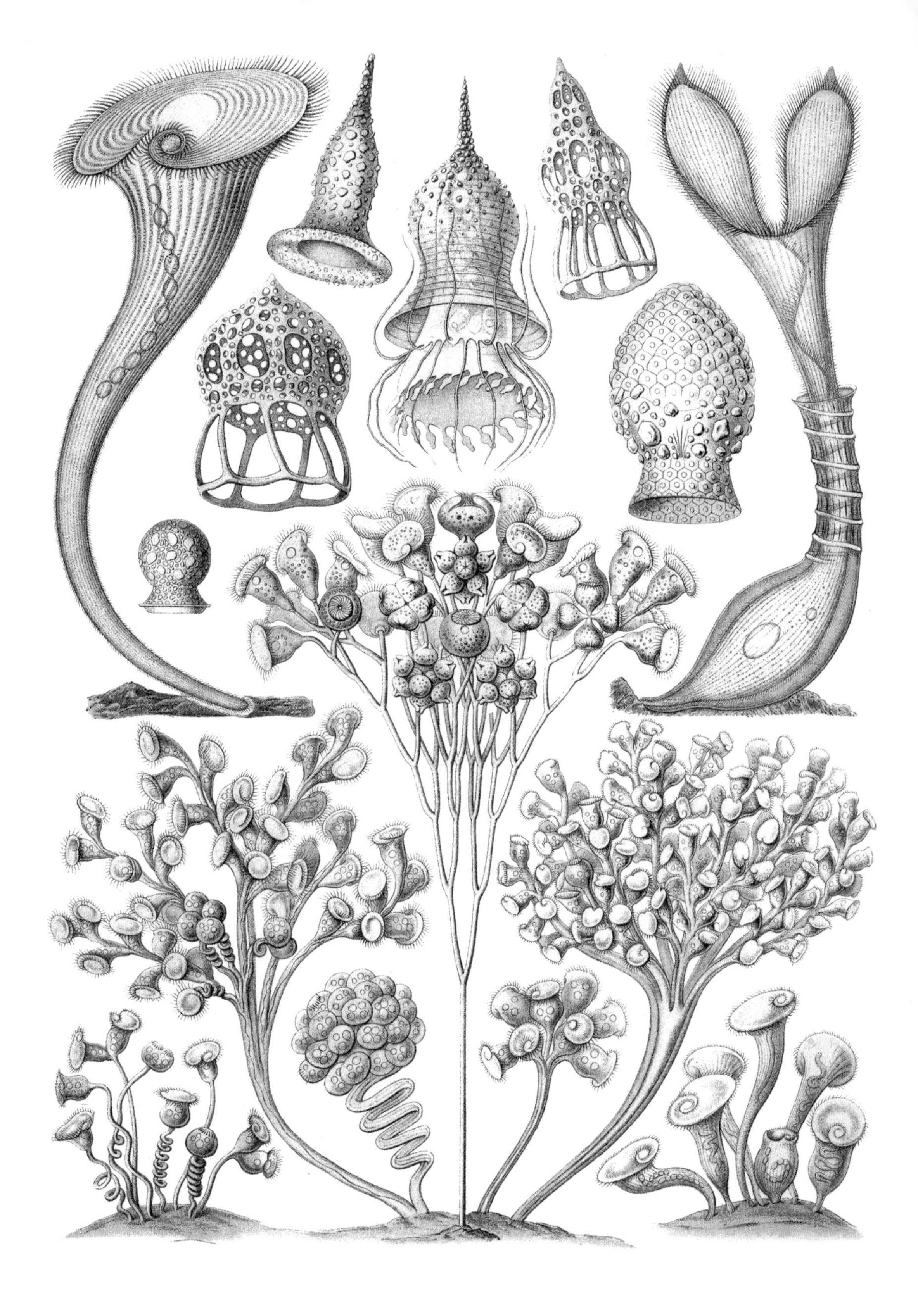

Ciliata *Stentor* 纤毛虫纲

Tafel 3

Kunstformen der Natur　　自然的艺术形态

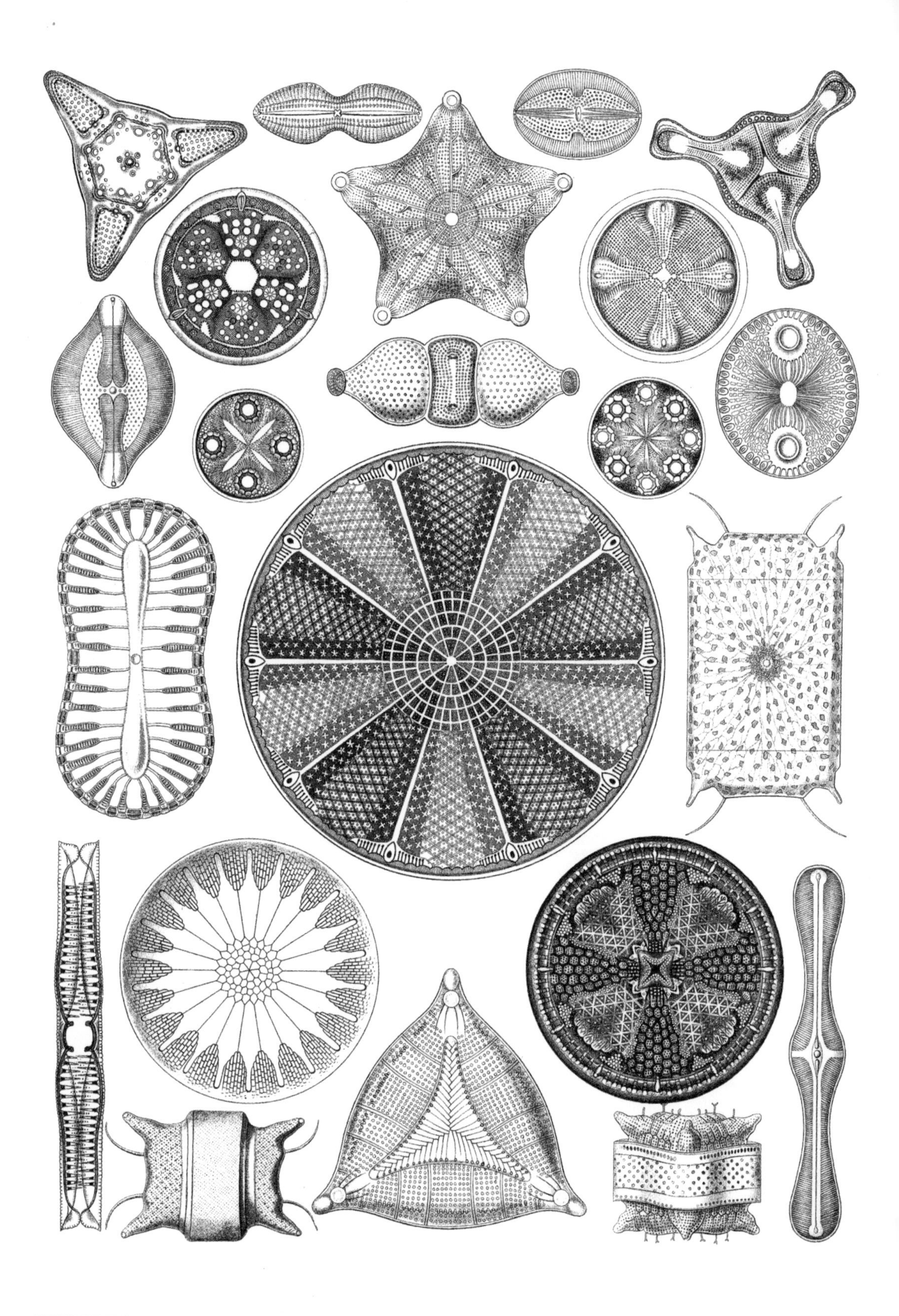

Diatomea *Triceratium* 硅藻纲

Tafel 4

Kunstformen der Natur 自然的艺术形态

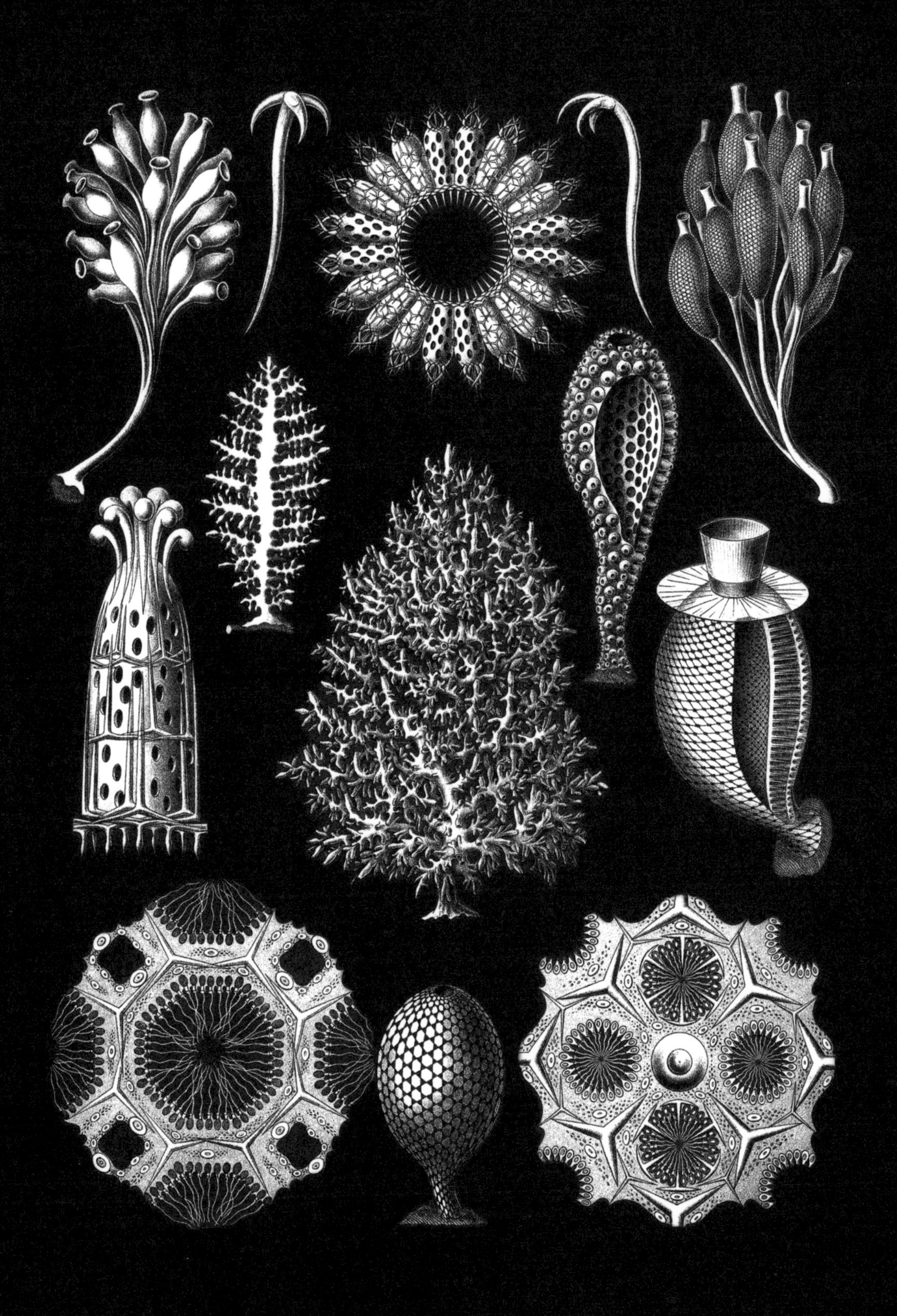

Calcispongiae *Ascandra* 钙质海绵纲

Tafel 5

Kunstformen der Natur　　自然的艺术形态

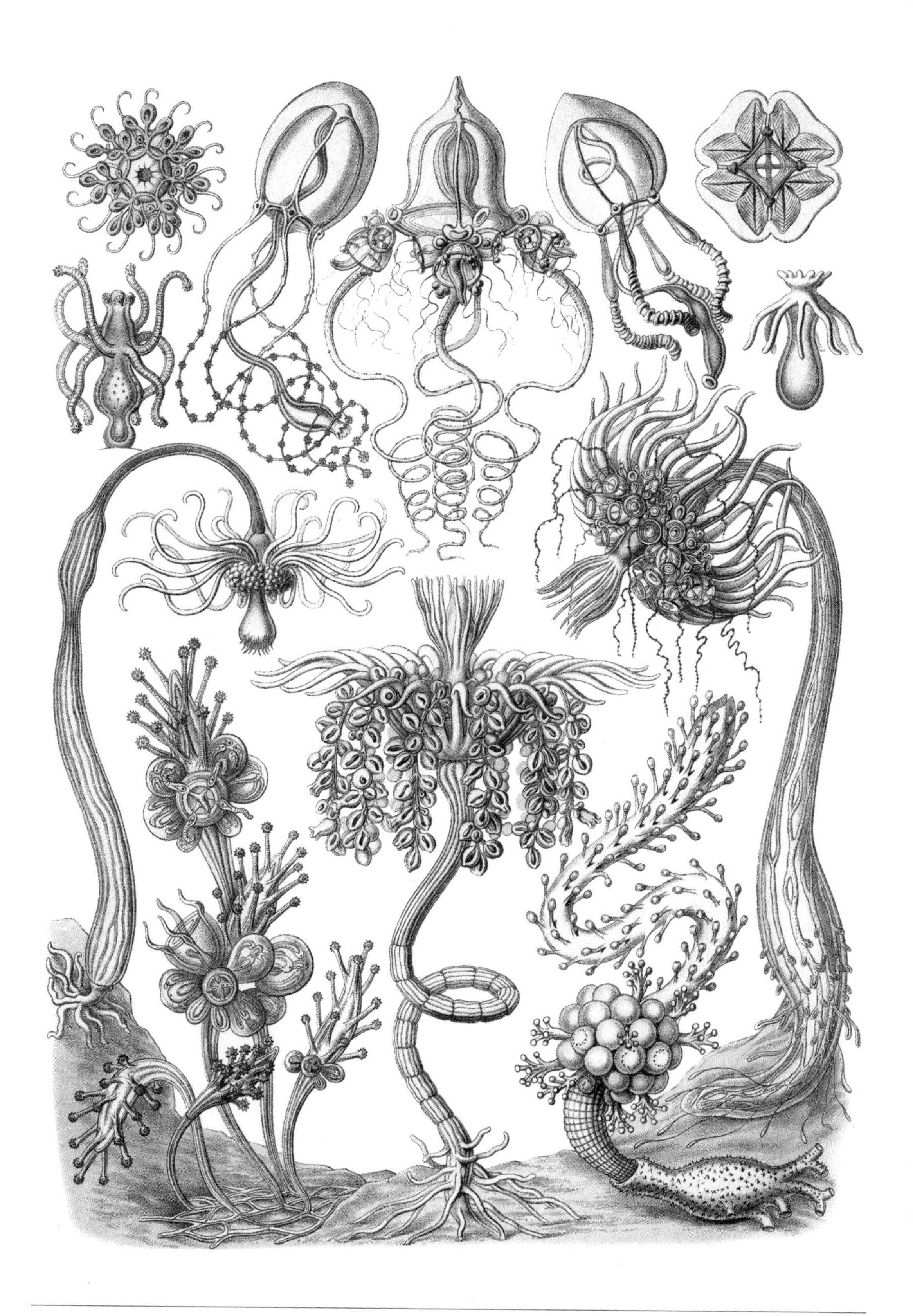

Tubulariae *Tubuletta* 筒螅属

Tafel 6

Kunstformen der Natur　　自然的艺术形态

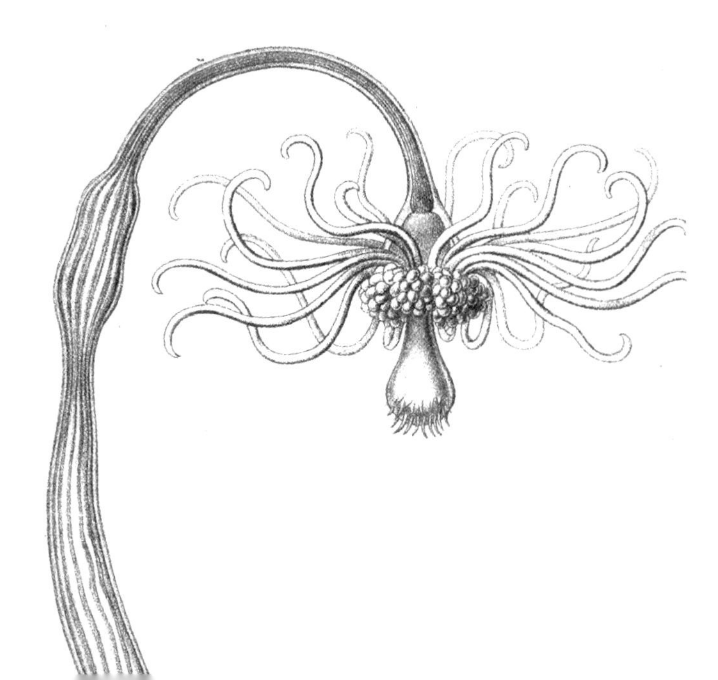

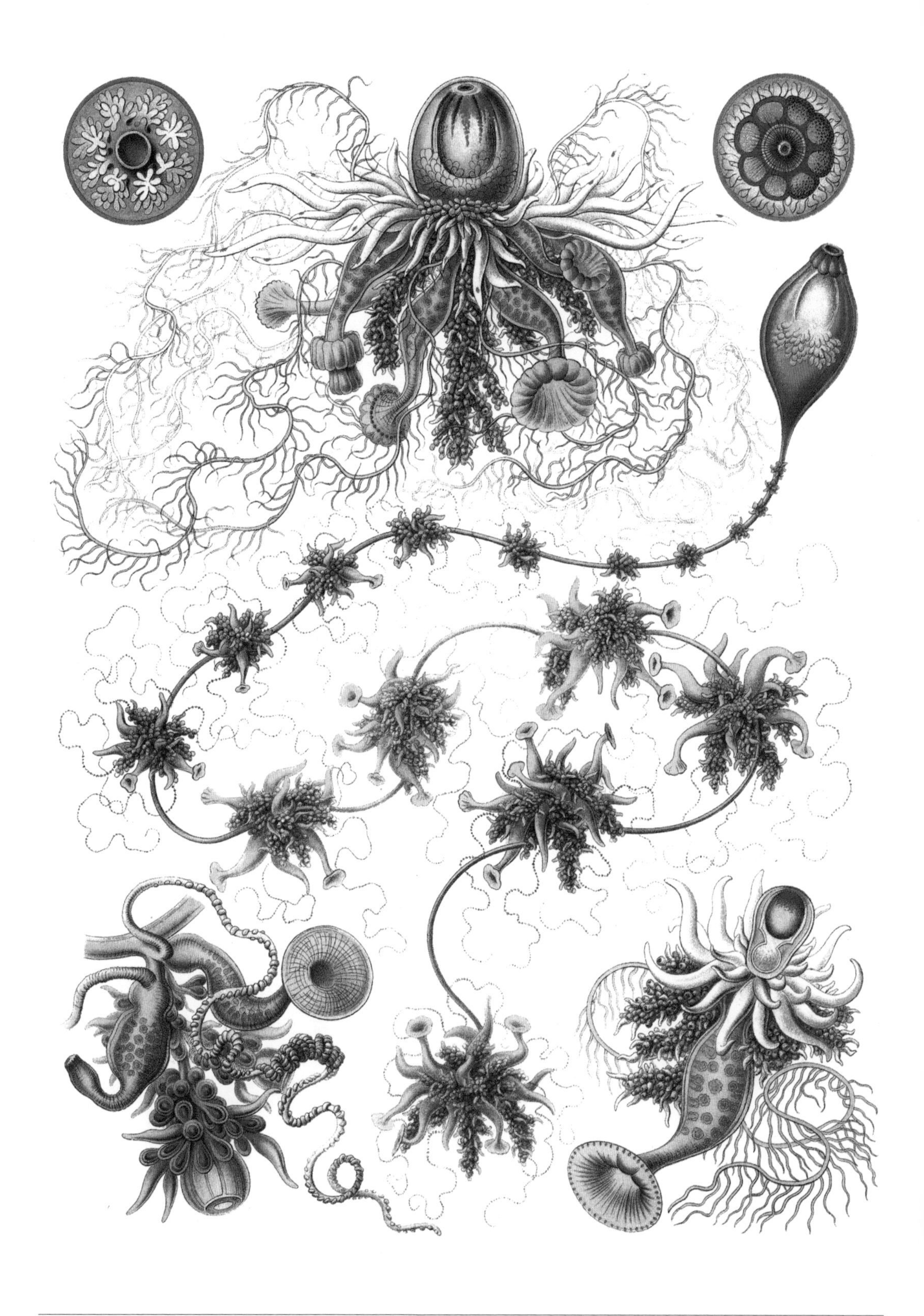

Siphonophorae *Epibulia* 管水母目

Tafel 7

Kunstformen der Natur　　自然的艺术形态

Discomedusae *Desmonema* 圆盘水母亚纲

Tafel 8

Kunstformen der Natur　　自然的艺术形态

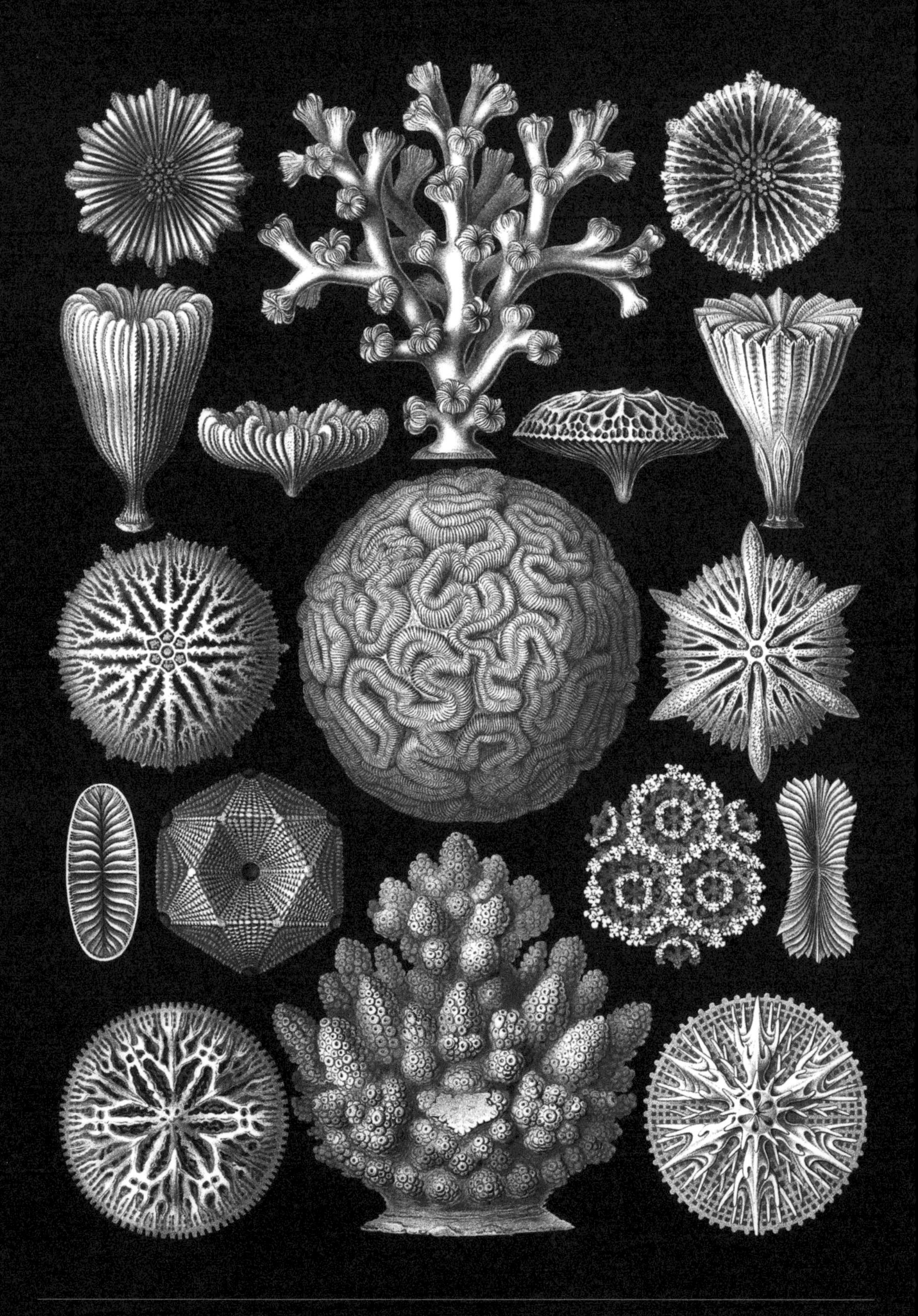

Hexacoralla *Maeandrina* 六放珊瑚亚纲

Tafel 9

Kunstformen der Natur　自然的艺术形态

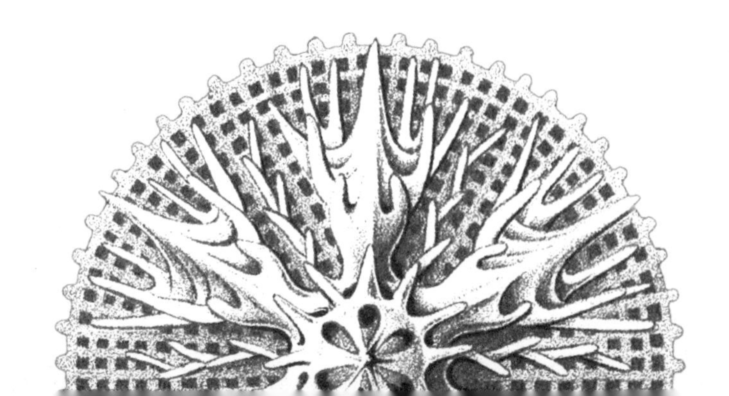

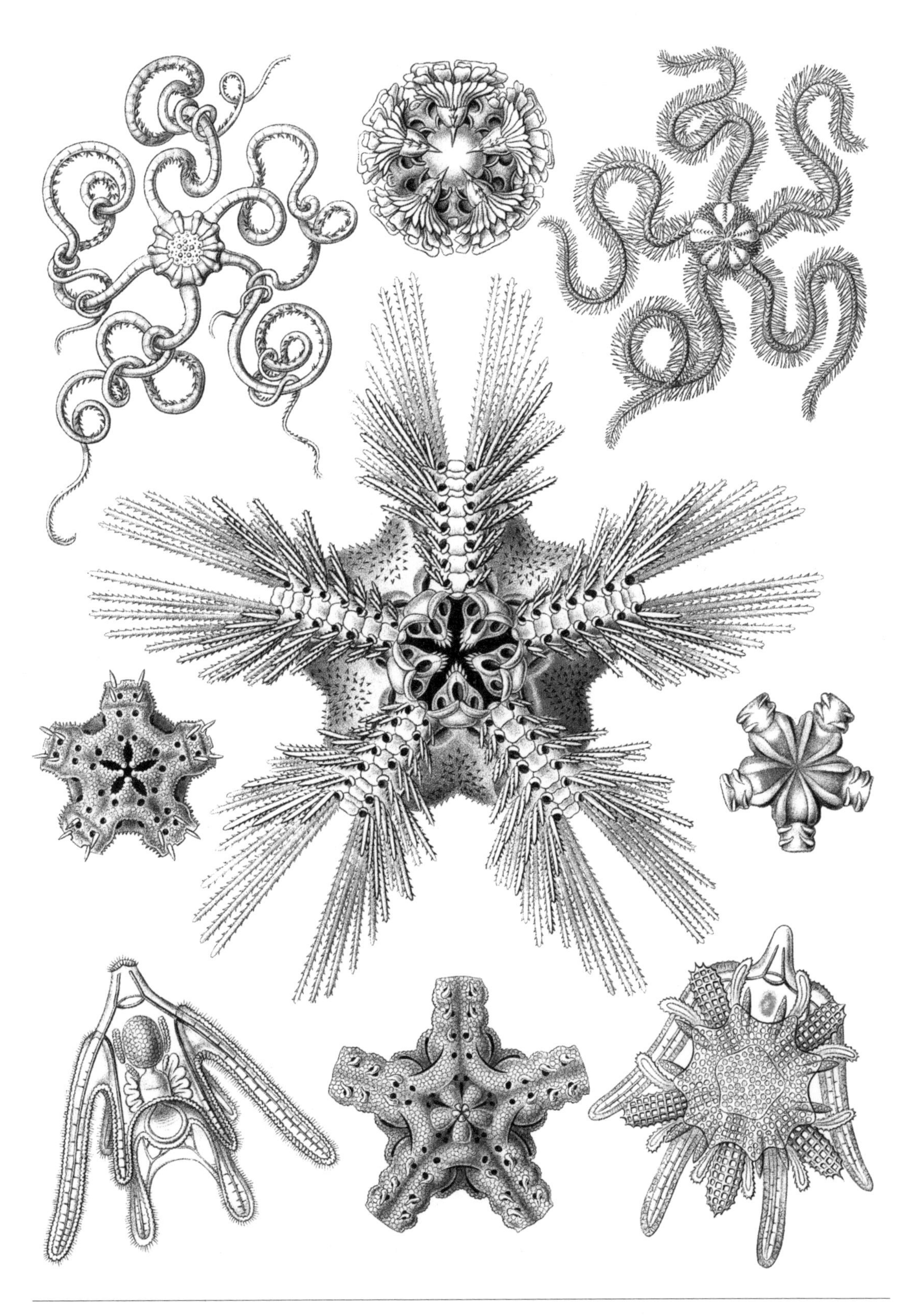

Ophiodea *Ophiothrix* 蛇尾纲

Tafel 10

Kunstformen der Natur 自然的艺术形态

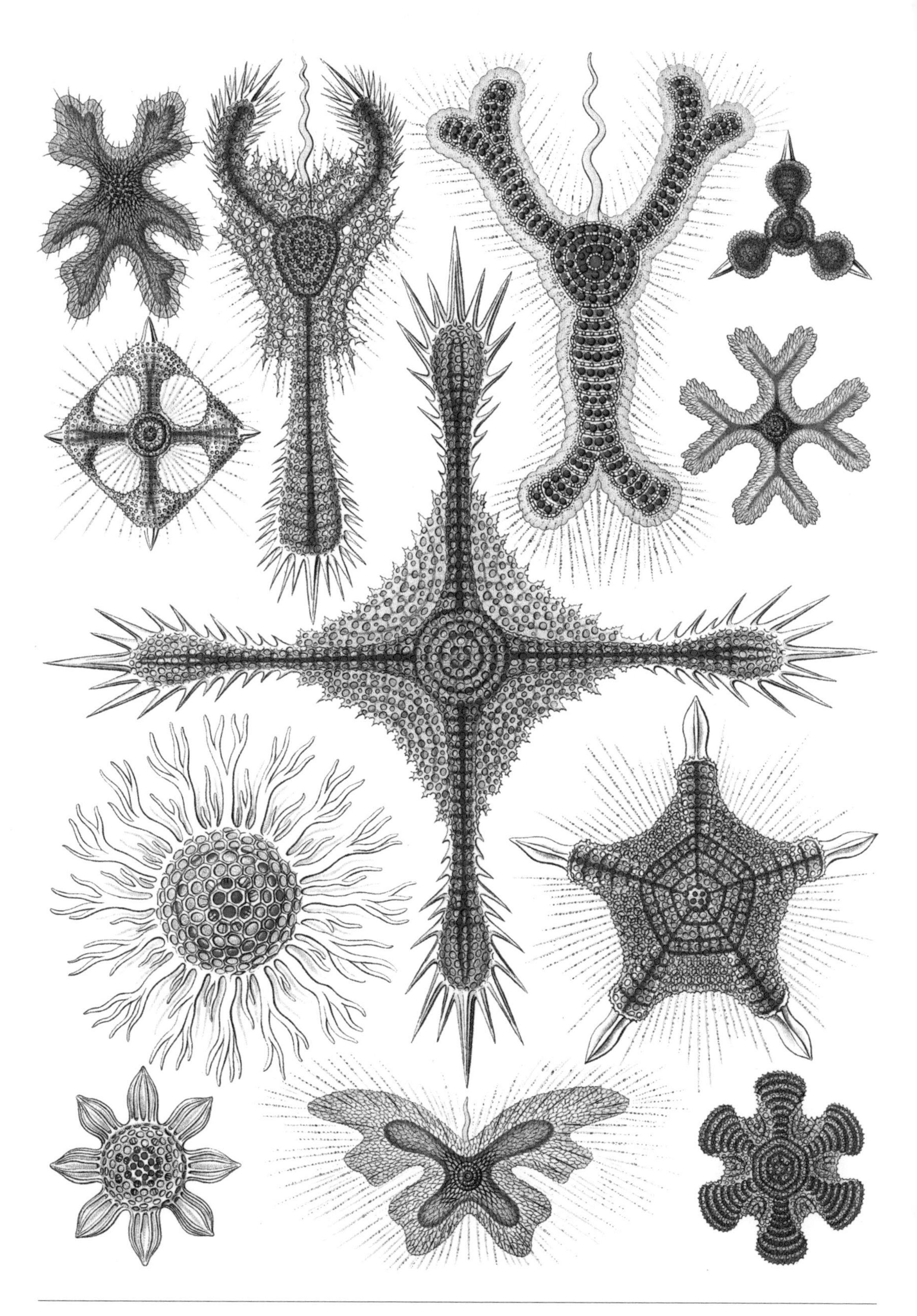

Tafel 11

Kunstformen der Natur 自然的艺术形态

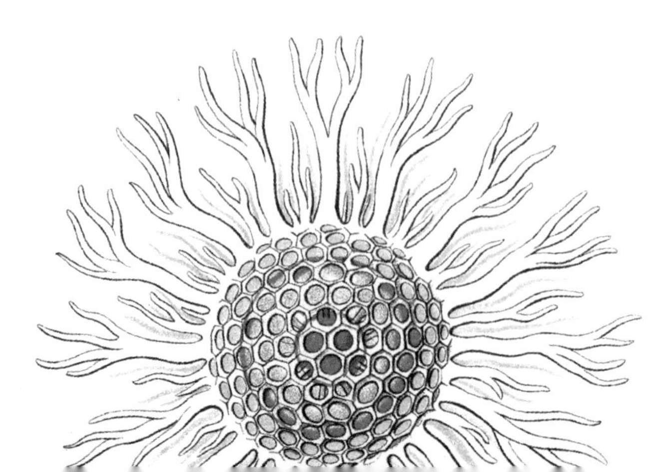

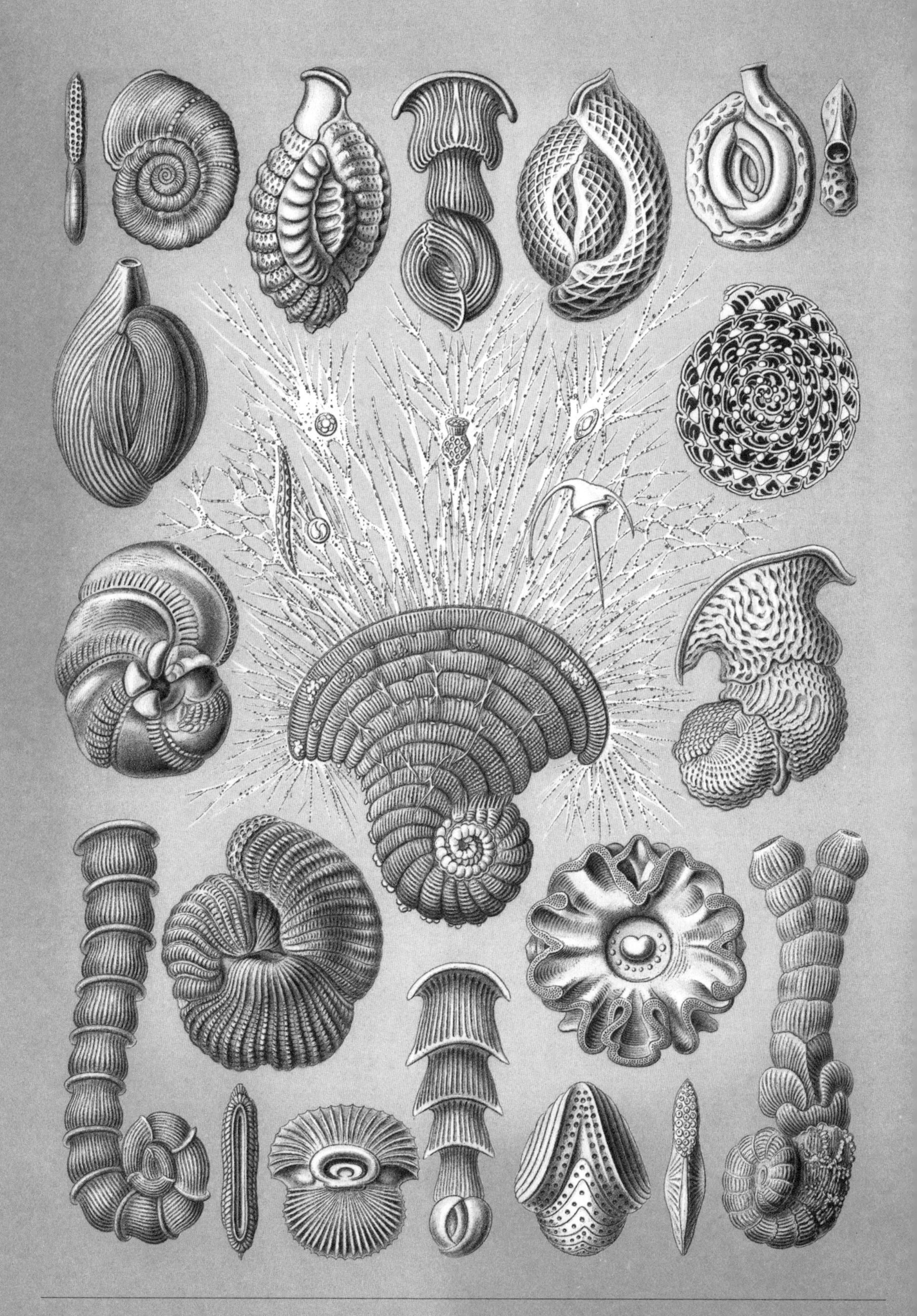

Talamophora *Miliola* 粟孔虫属

Tafel 12

Kunstformen der Natur　　自然的艺术形态

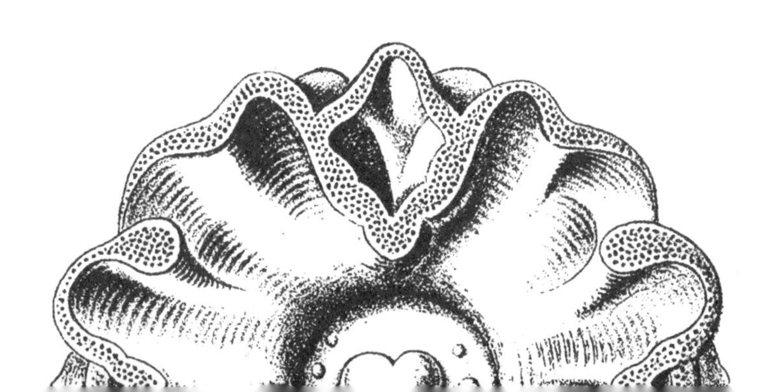

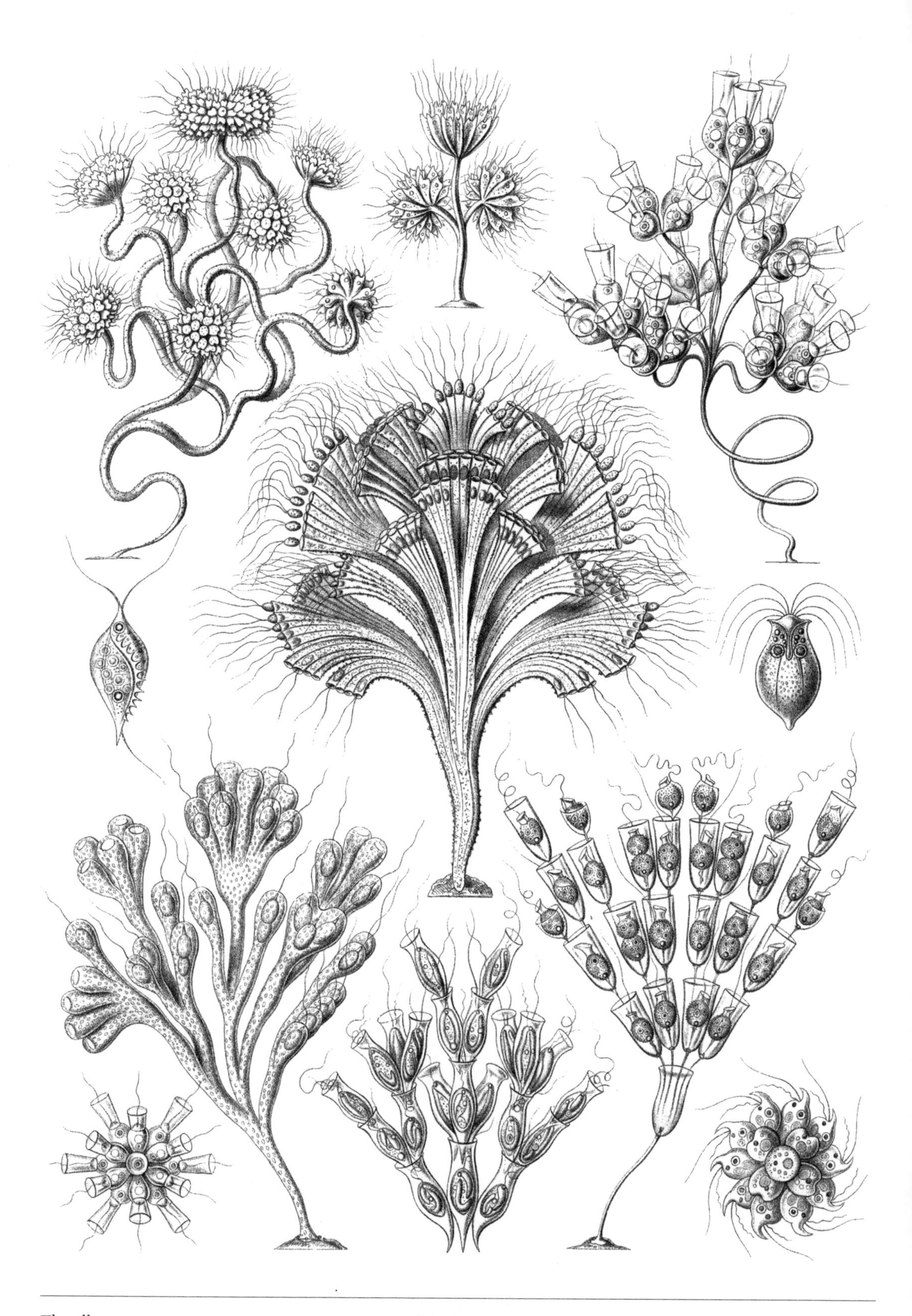

Flagellata *Dinobryon* 鞭毛虫

Tafel 13

Kunstformen der Natur　　自然的艺术形态

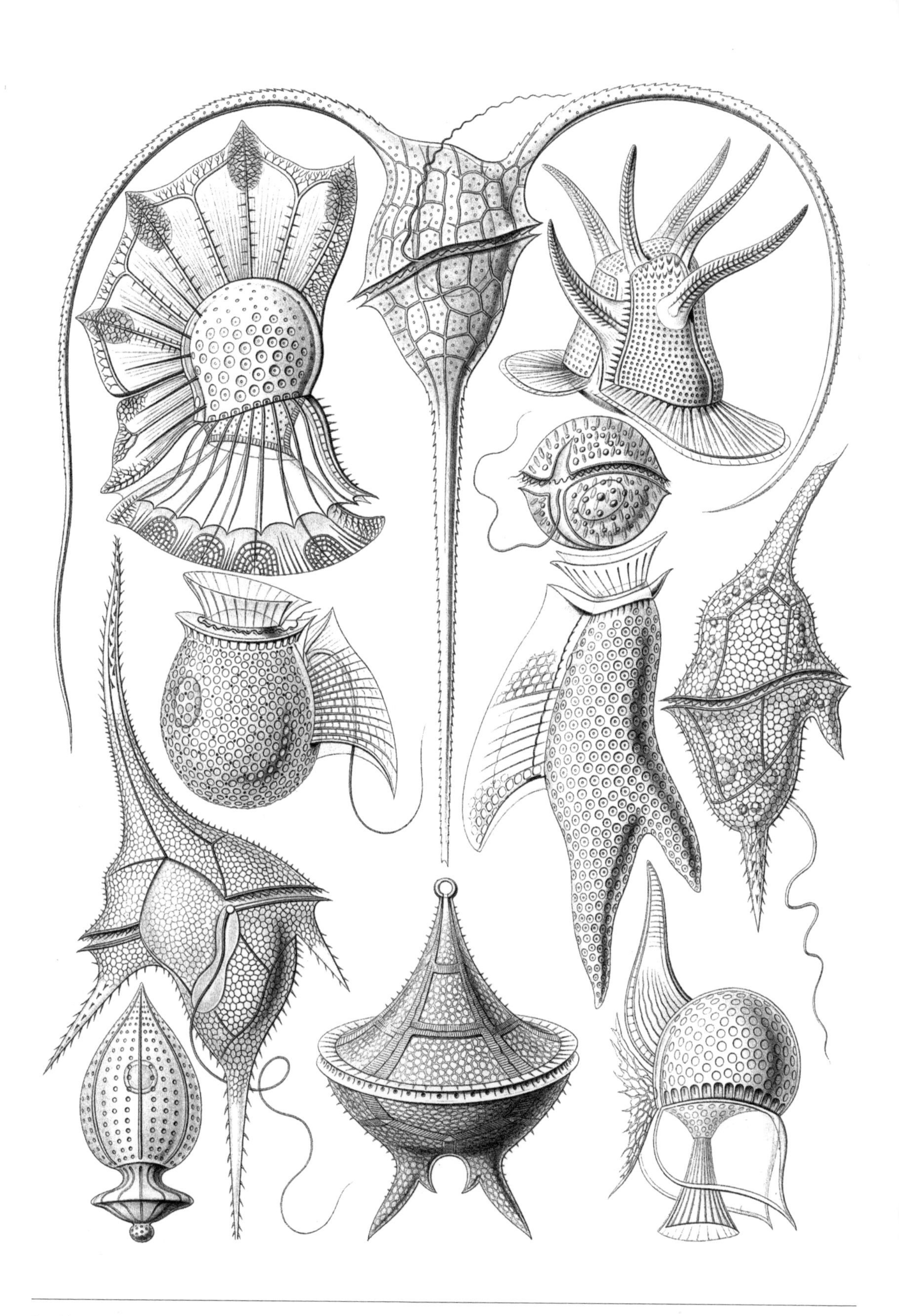

Peridinea *Peridinium* 多甲藻属

Tafel 14

Kunstformen der Natur 自然的艺术形态

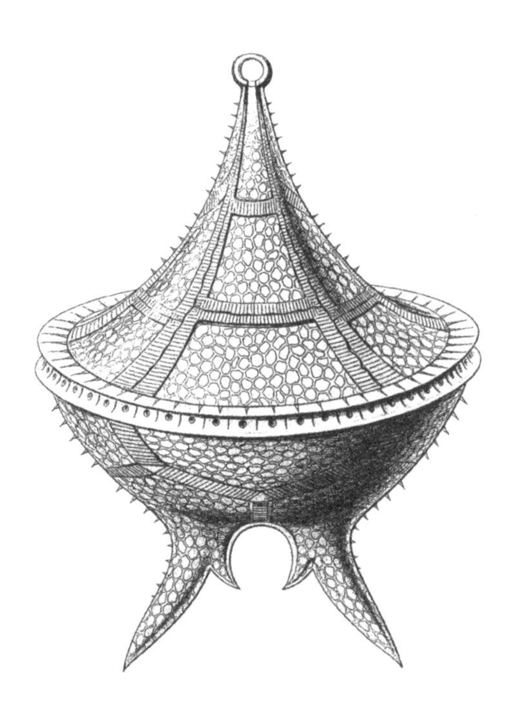

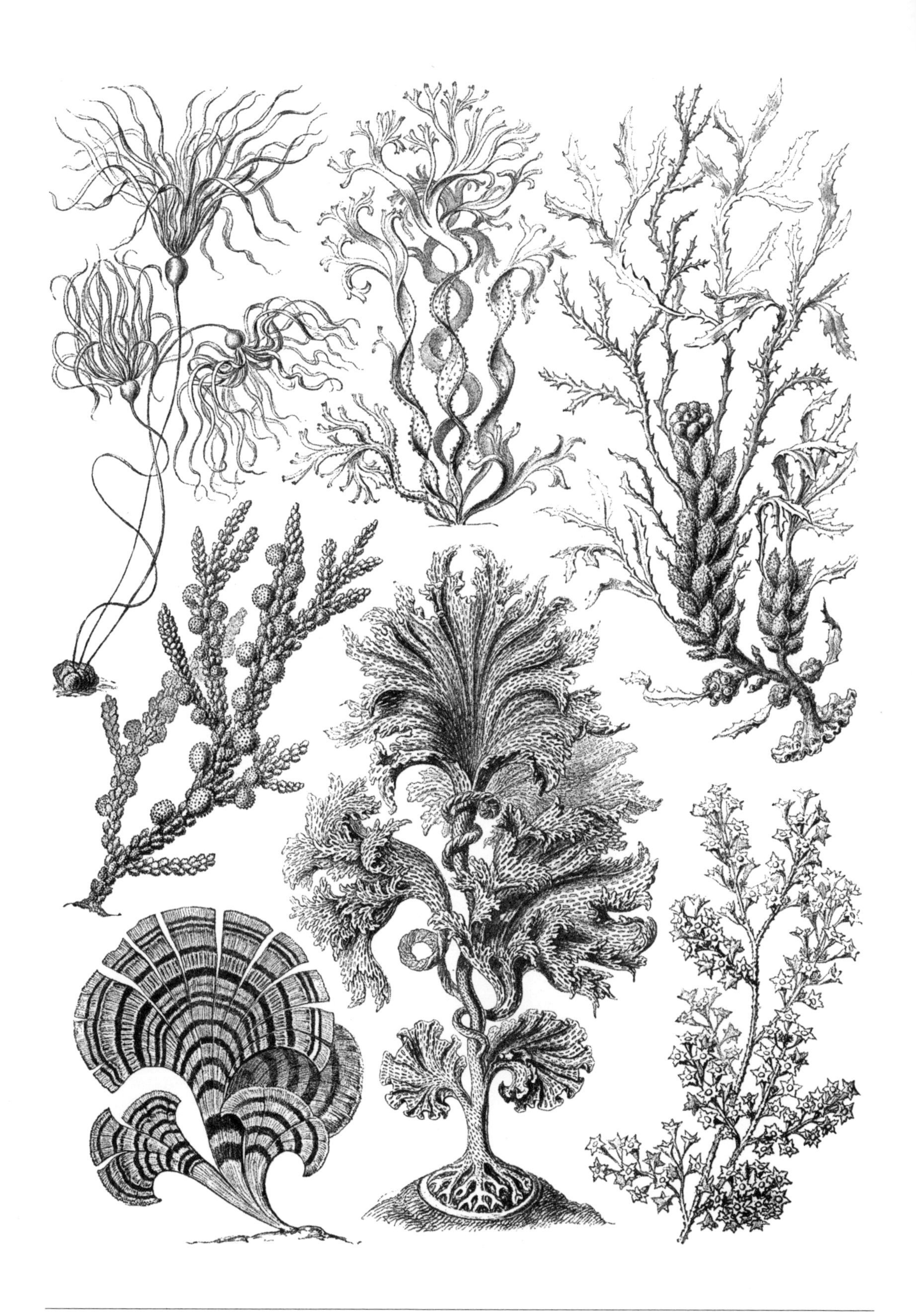

Fucoideae *Zonaria* 墨角藻目

Tafel 15

Kunstformen der Natur　　自然的艺术形态

Narcomedusae *Pegantha* 筐水母

Tafel 16

Kunstformen der Natur 自然的艺术形态

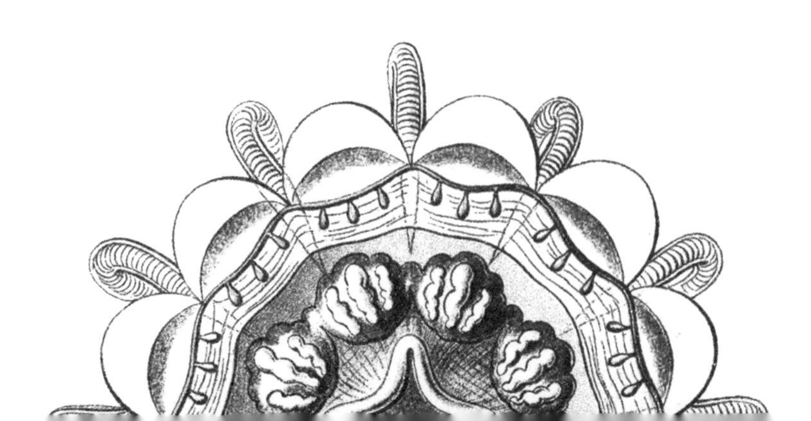

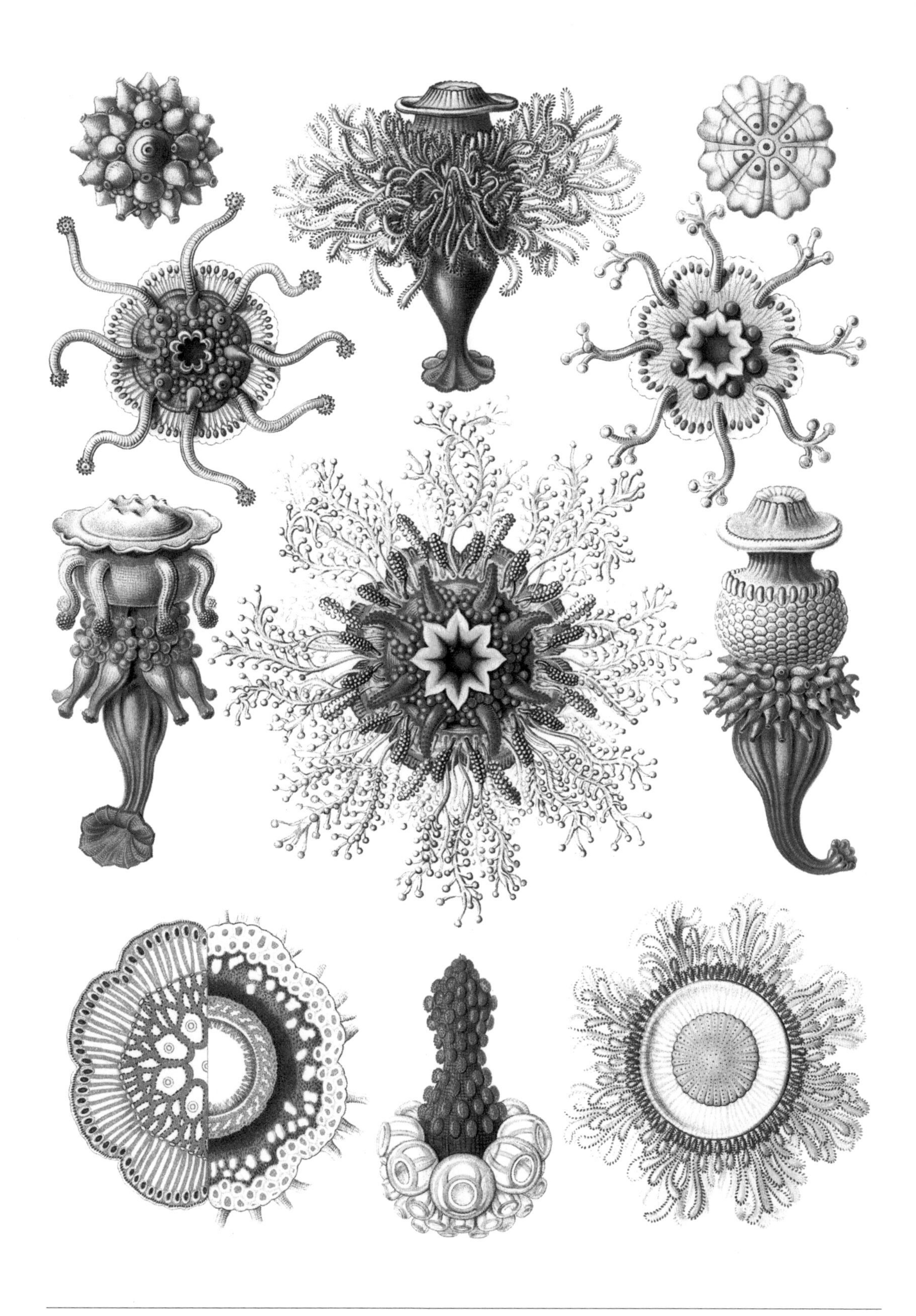

Tafel 17

Kunstformen der Natur 自然的艺术形态

Discomedusae *Linantha* 圆盘水母亚纲

Tafel 18

Kunstformen der Natur　　自然的艺术形态

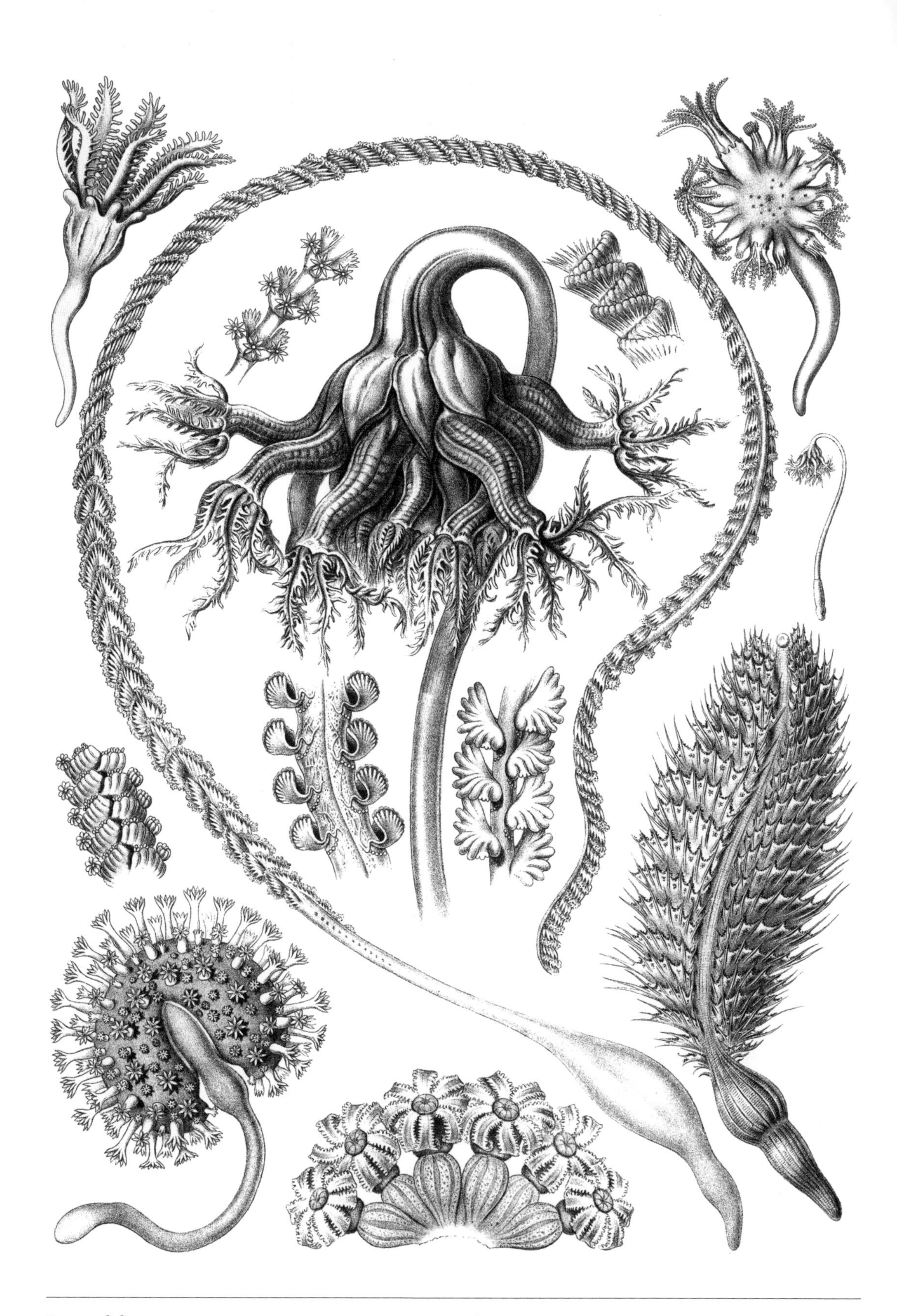

Pennatulida *Pennatula* 海鳃

Tafel 19

Kunstformen der Natur　　自然的艺术形态

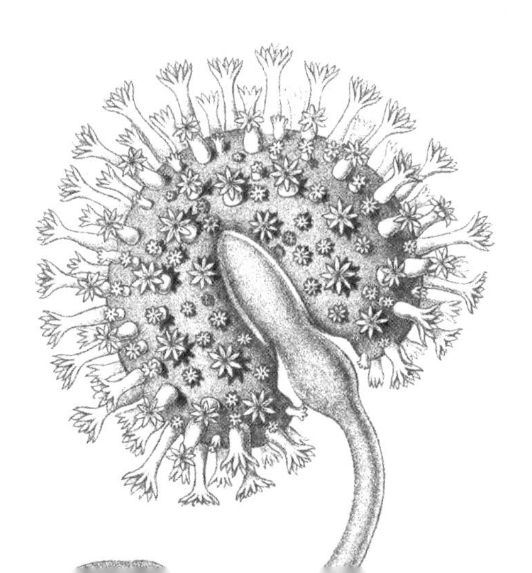

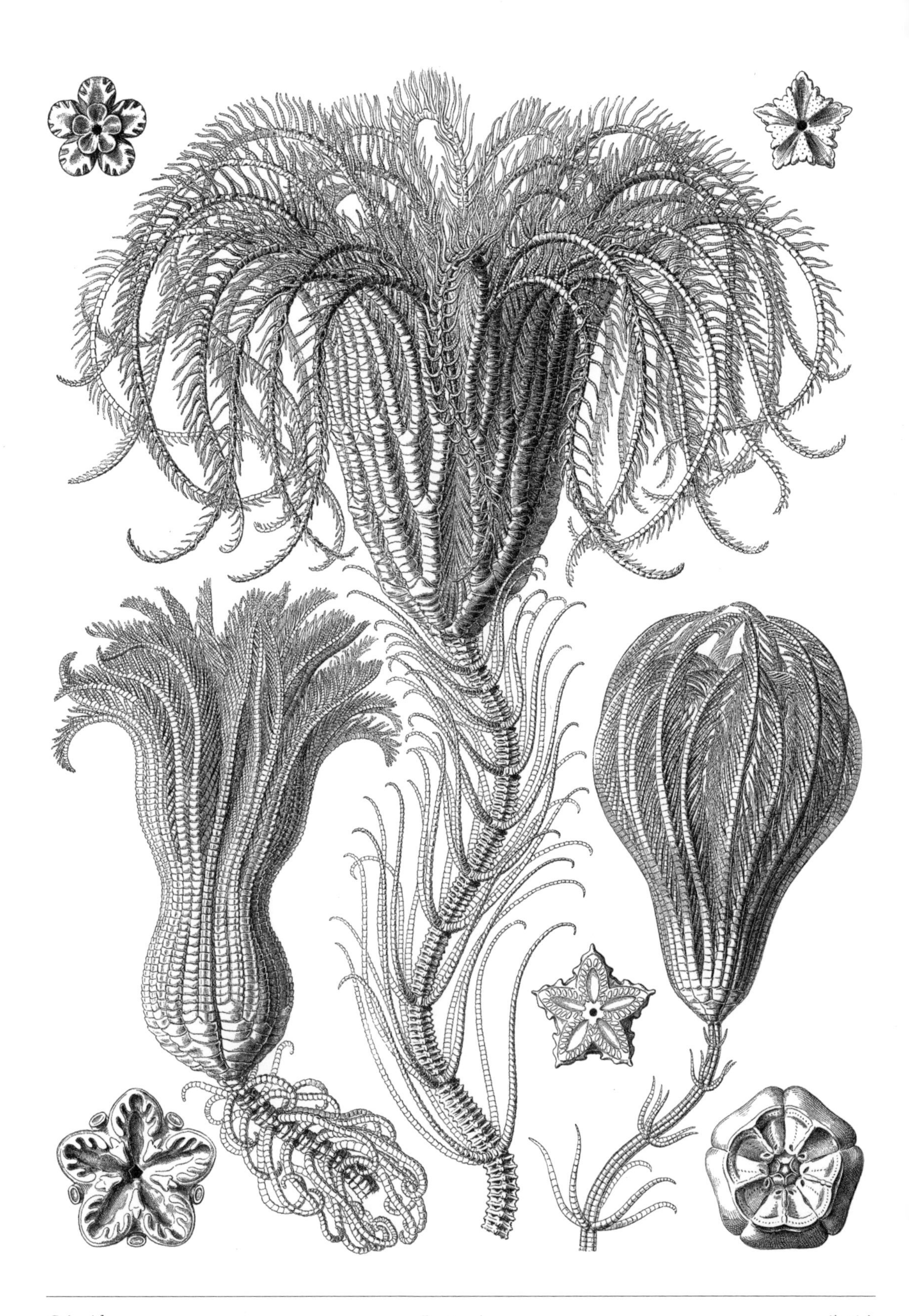

Crinoidea *Pentacrinus* 海百合

Tafel 20

Kunstformen der Natur　　自然的艺术形态

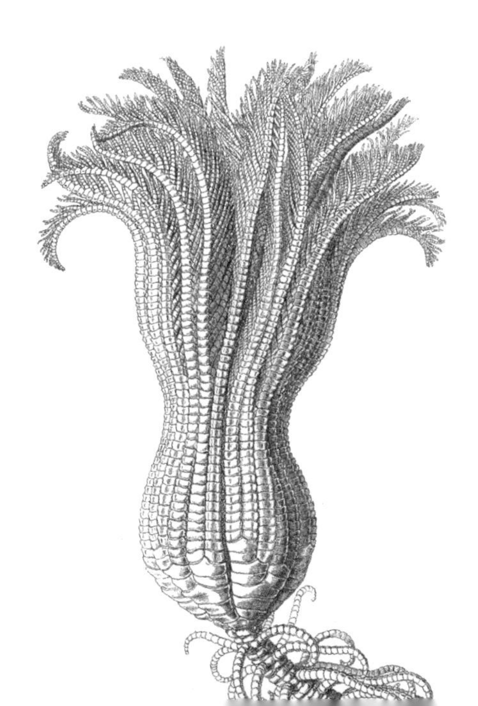

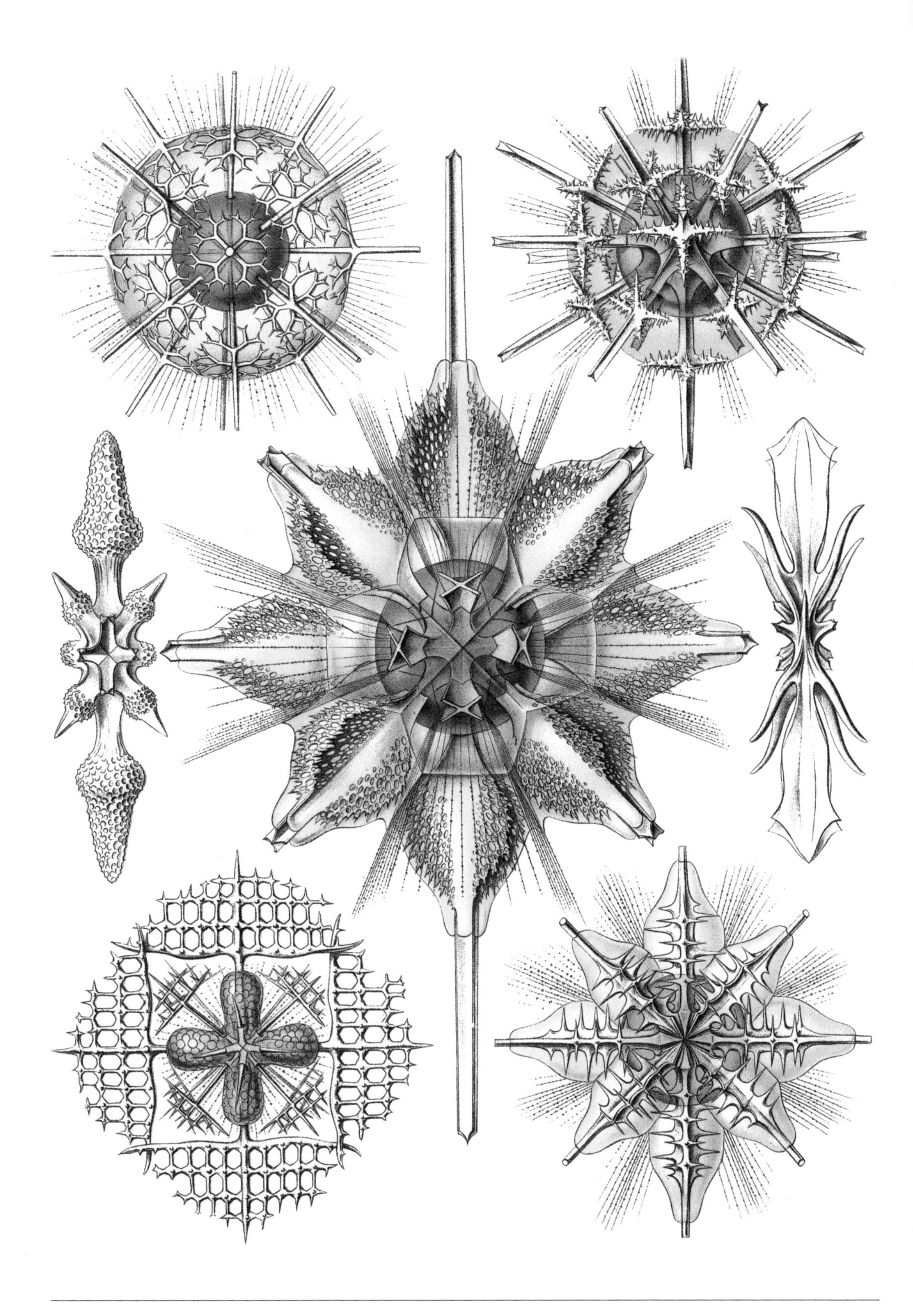

Tafel 21

Kunstformen der Natur　　自然的艺术形态

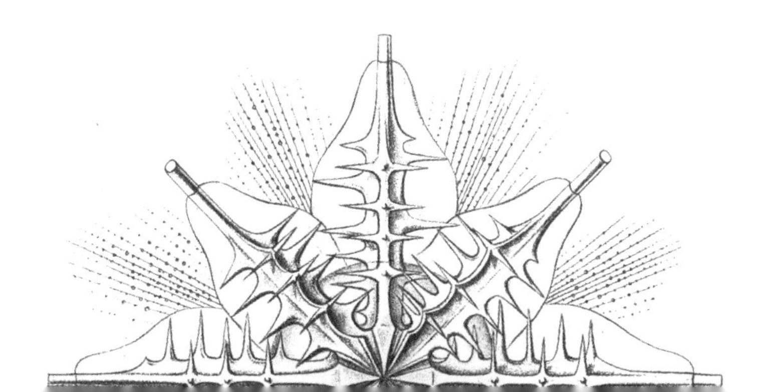

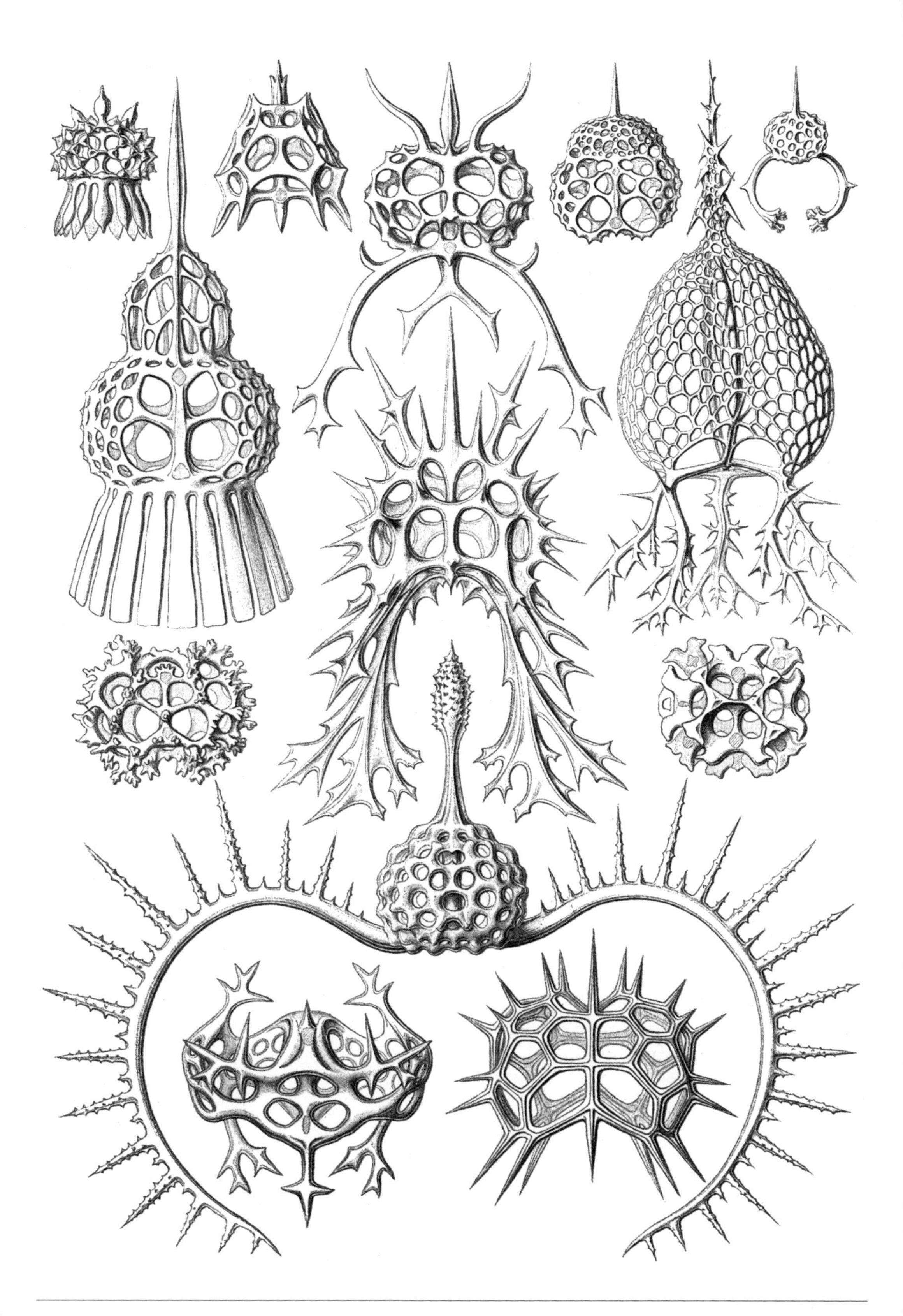

Spyroidea *Elaphospyris* 篓虫亚目

Tafel 22

Kunstformen der Natur 自然的艺术形态

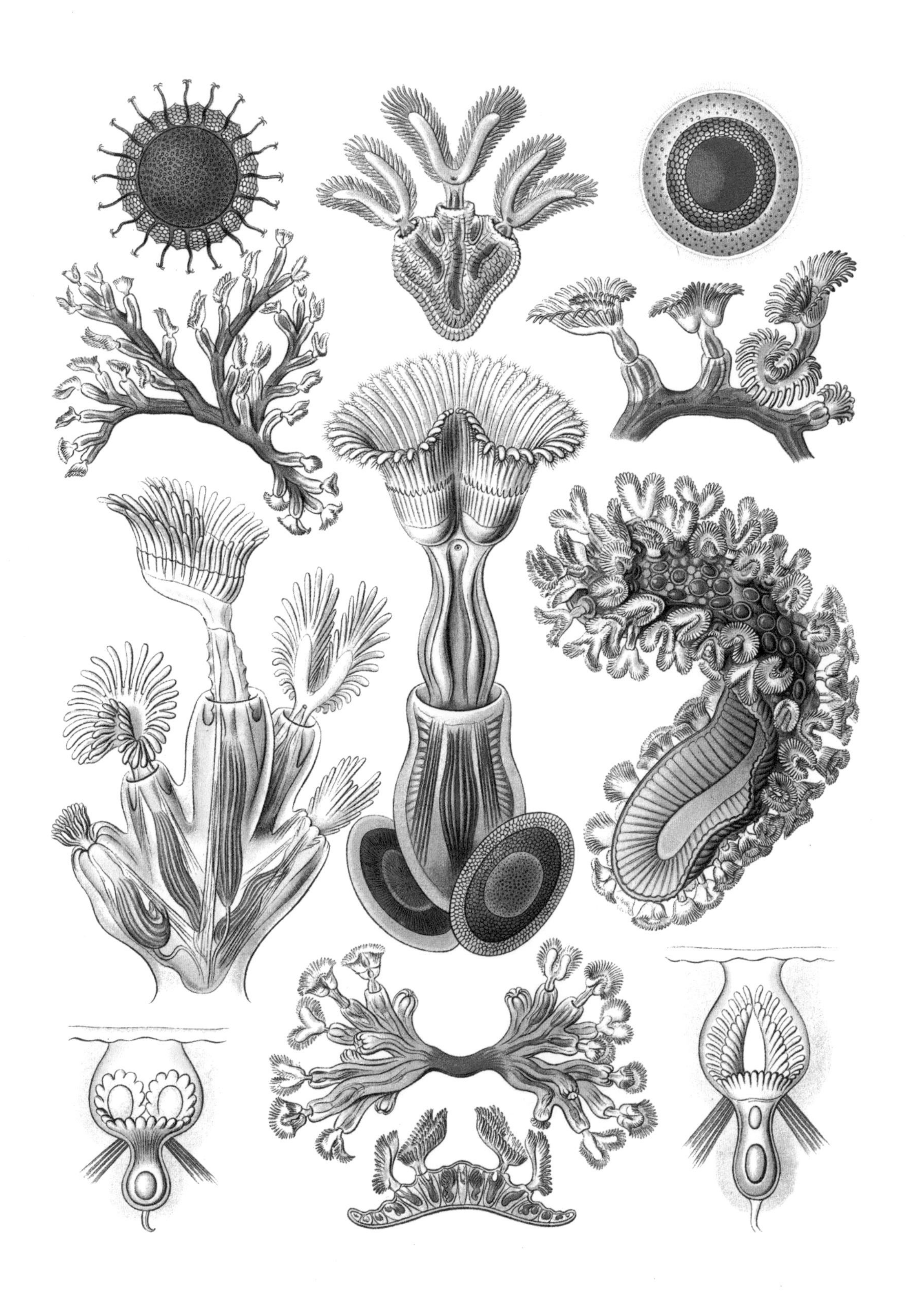

Bryozoa *Cristatella* 苔藓动物门

Tafel 23

Kunstformen der Natur 自然的艺术形态

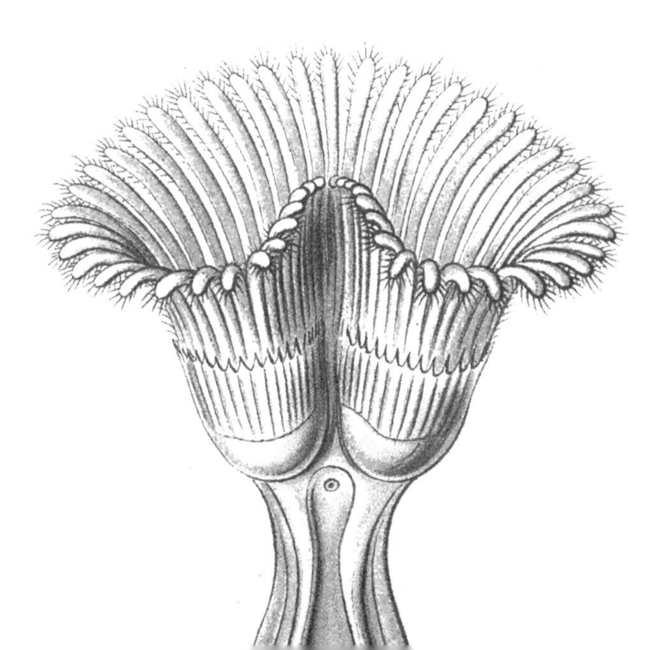

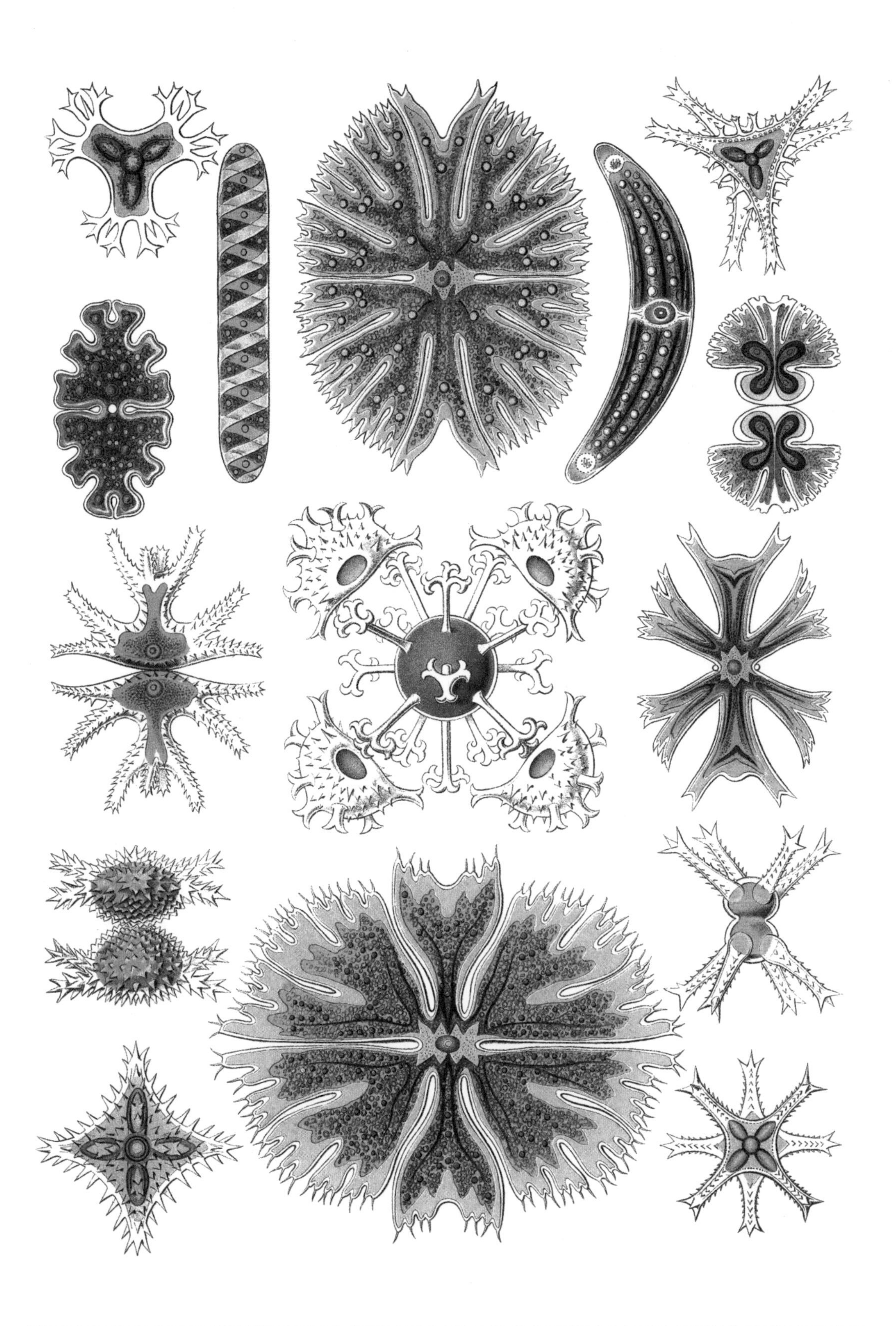

Desmidiea *Staurastrum* 鼓藻科

Tafel 24

Kunstformen der Natur　　自然的艺术形态

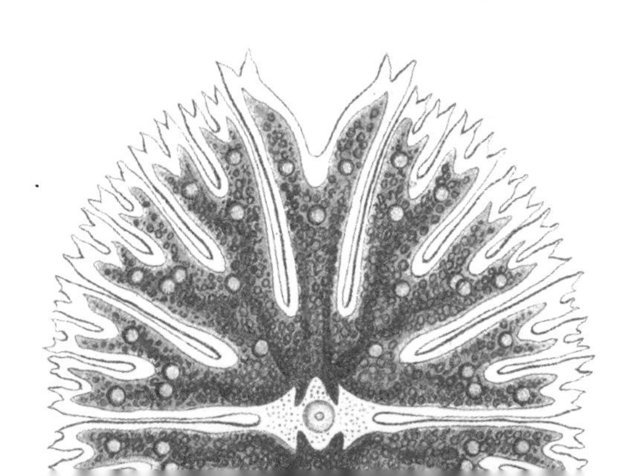

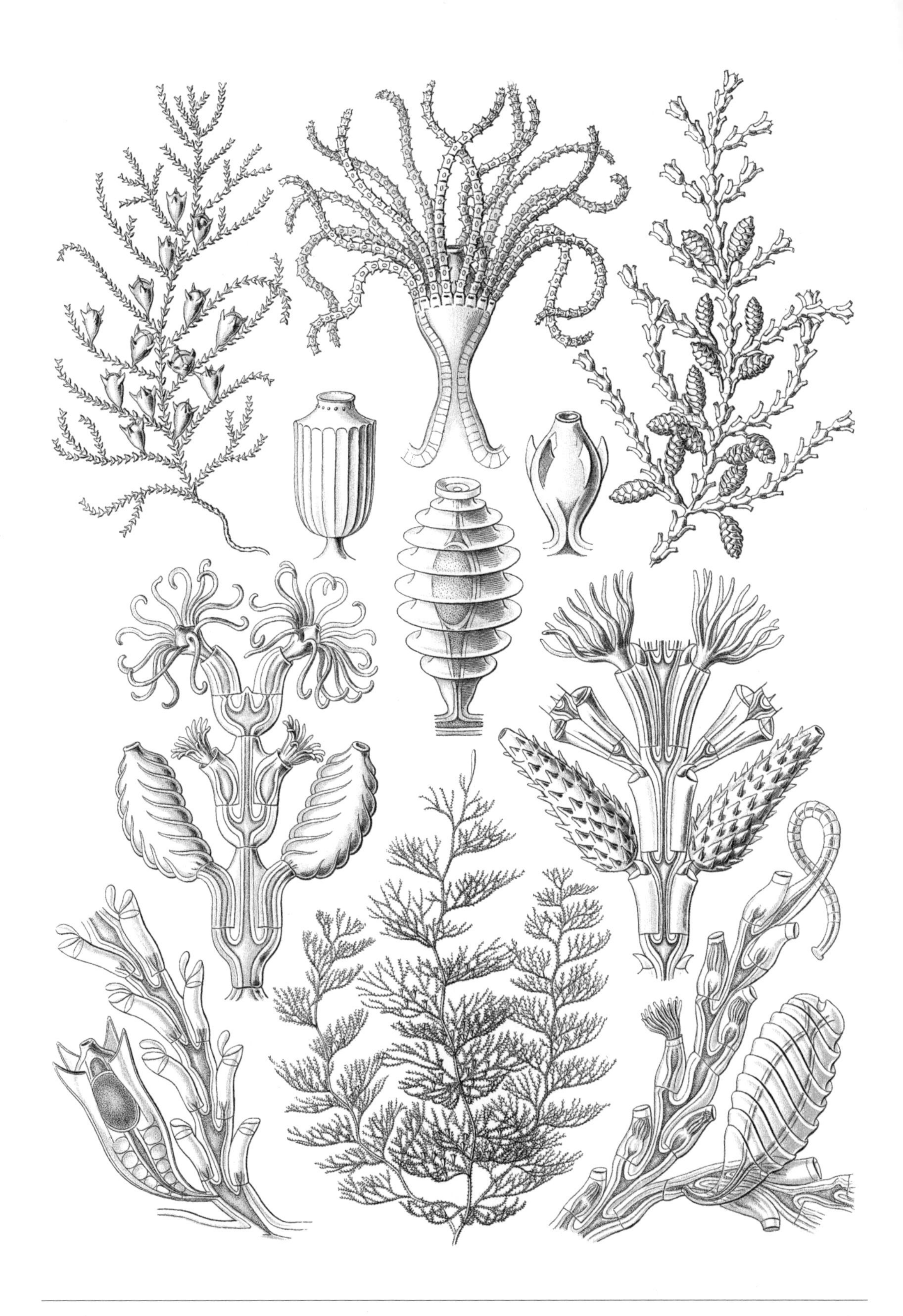

Sertulariae *Diphasia* 桧叶螅属

Tafel 25

Kunstformen der Natur 自然的艺术形态

Tafel 26

Kunstformen der Natur　　自然的艺术形态

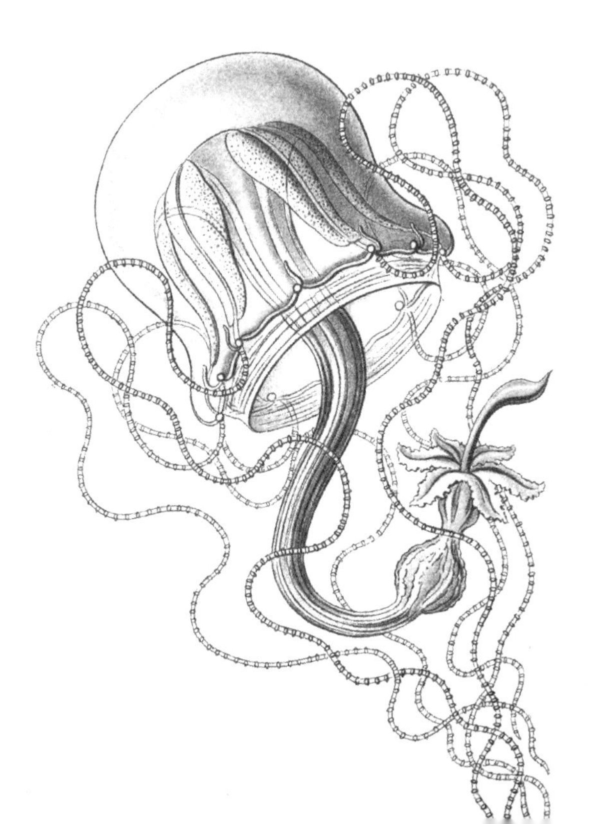

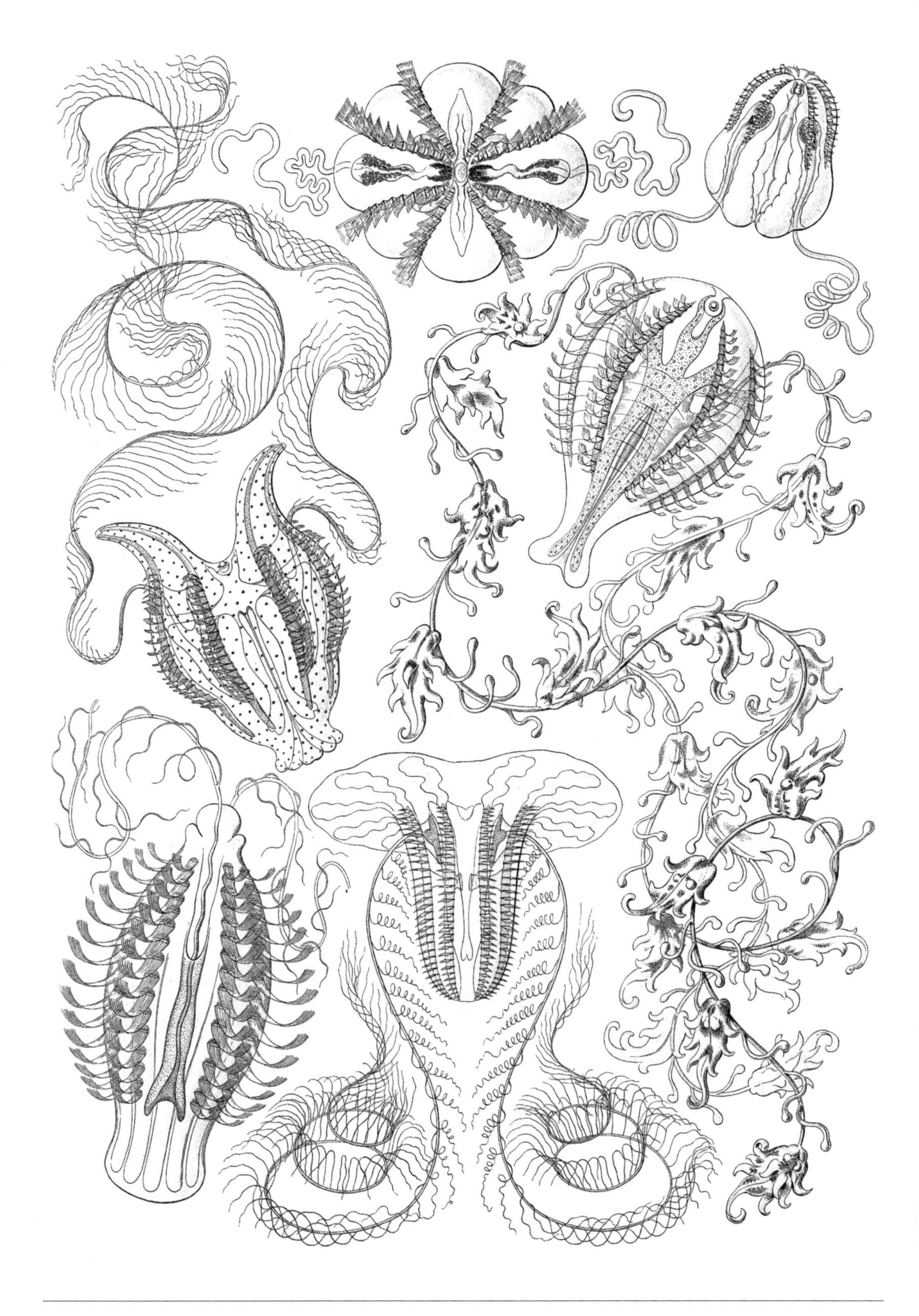

Tafel 27

Kunstformen der Natur　　自然的艺术形态

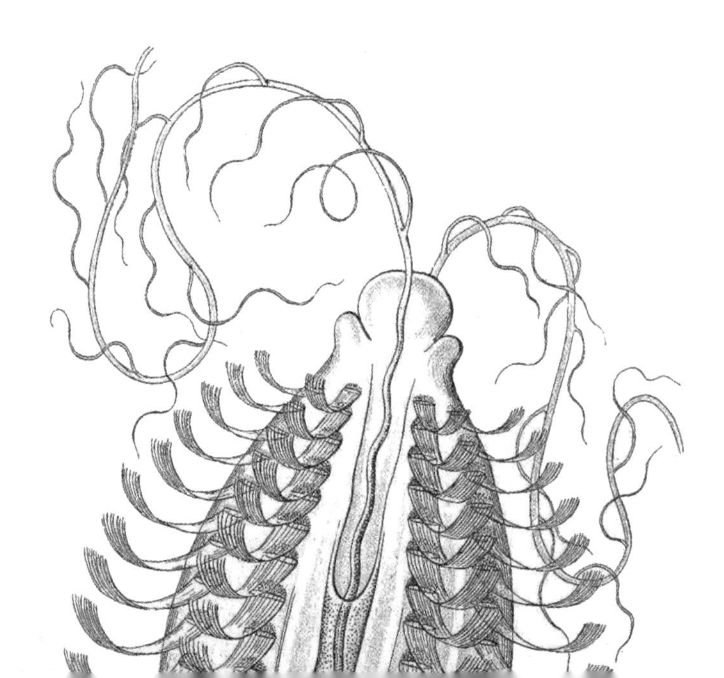

Discomedusae *Toreuma* 圆盘水母亚纲

Tafel 28

Kunstformen der Natur　　自然的艺术形态

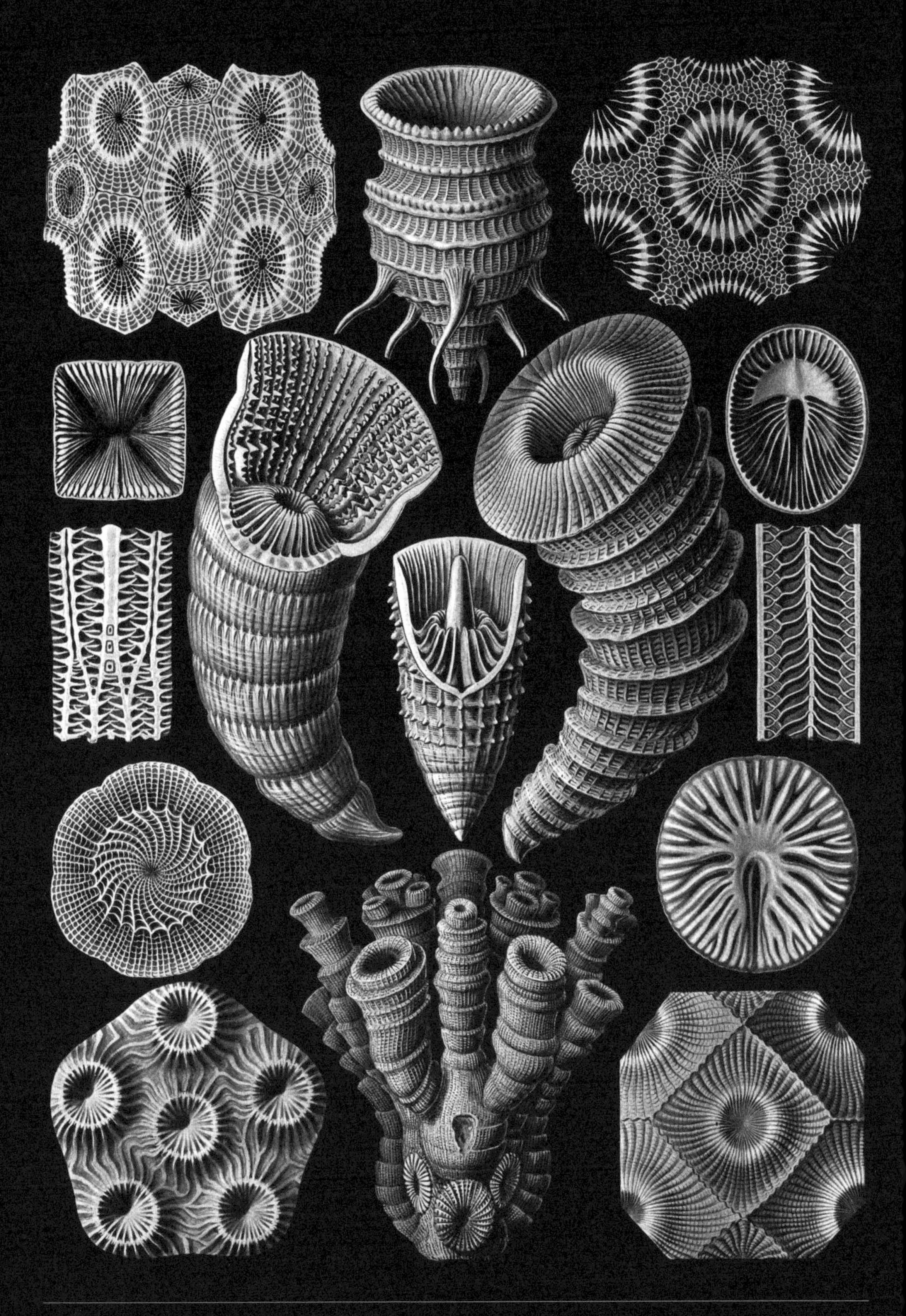

Tetracoralla *Cyathophyllum* 四放珊瑚亚纲

Tafel 29

Kunstformen der Natur 自然的艺术形态

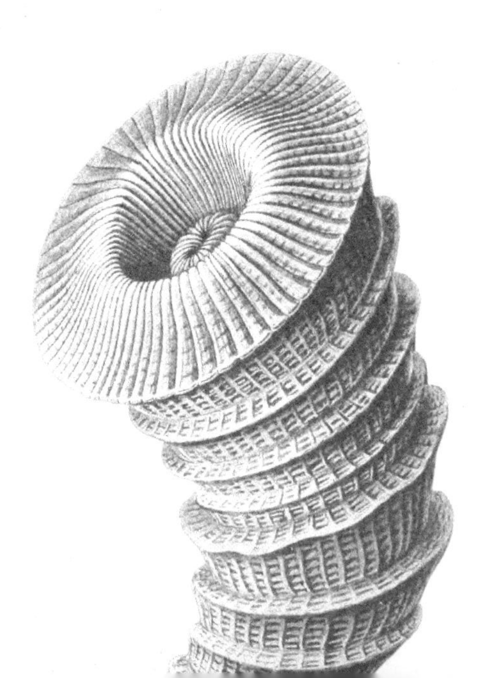

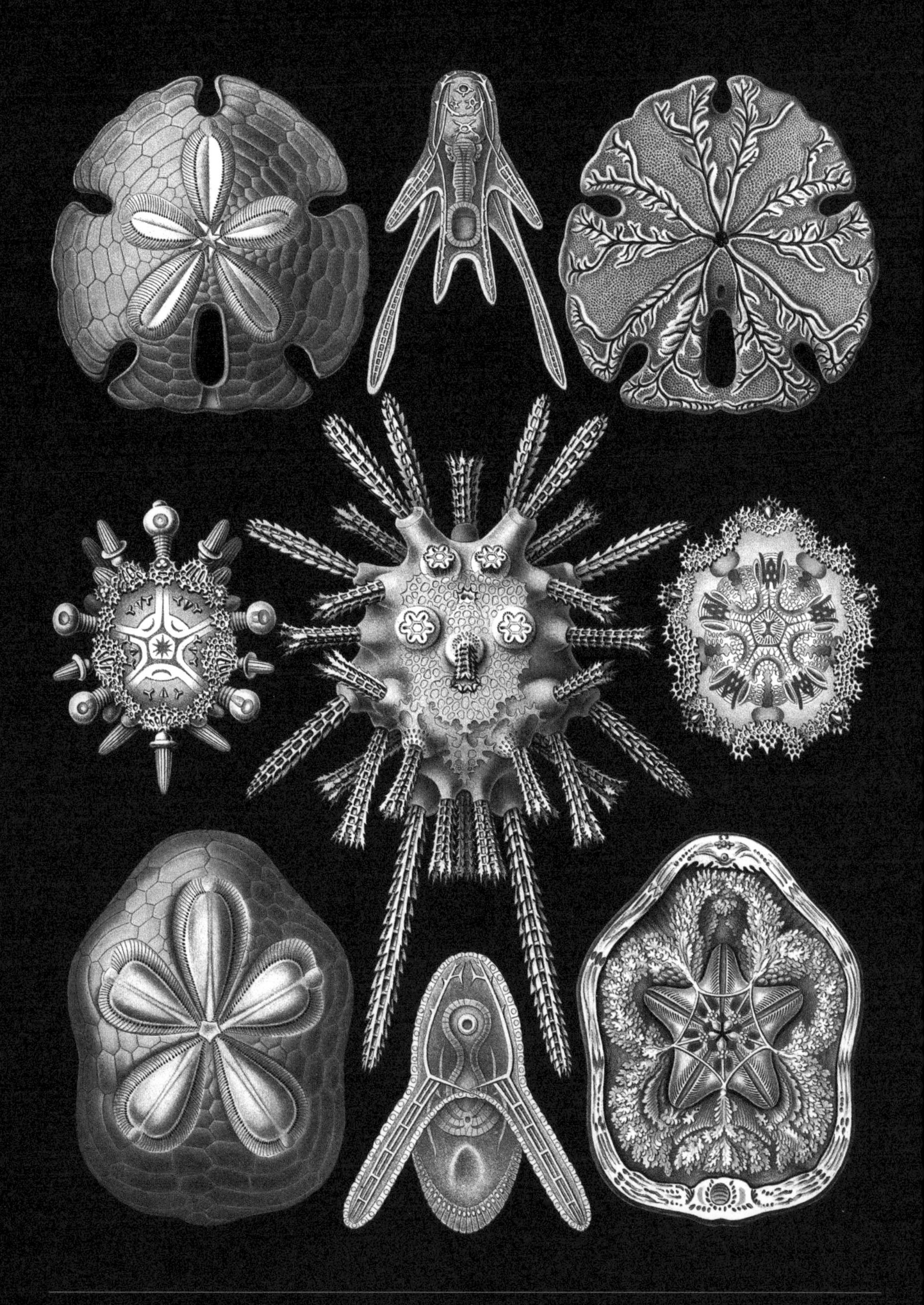

Echinidea *Clypeaster* 海胆科

Tafel 30

Kunstformen der Natur 自然的艺术形态

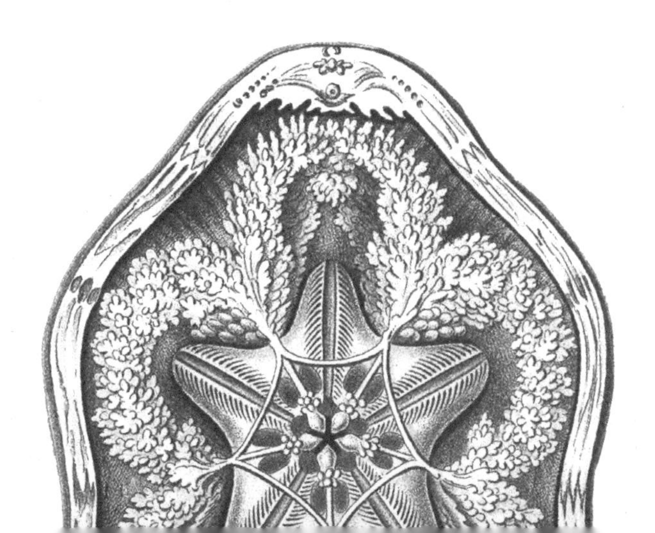

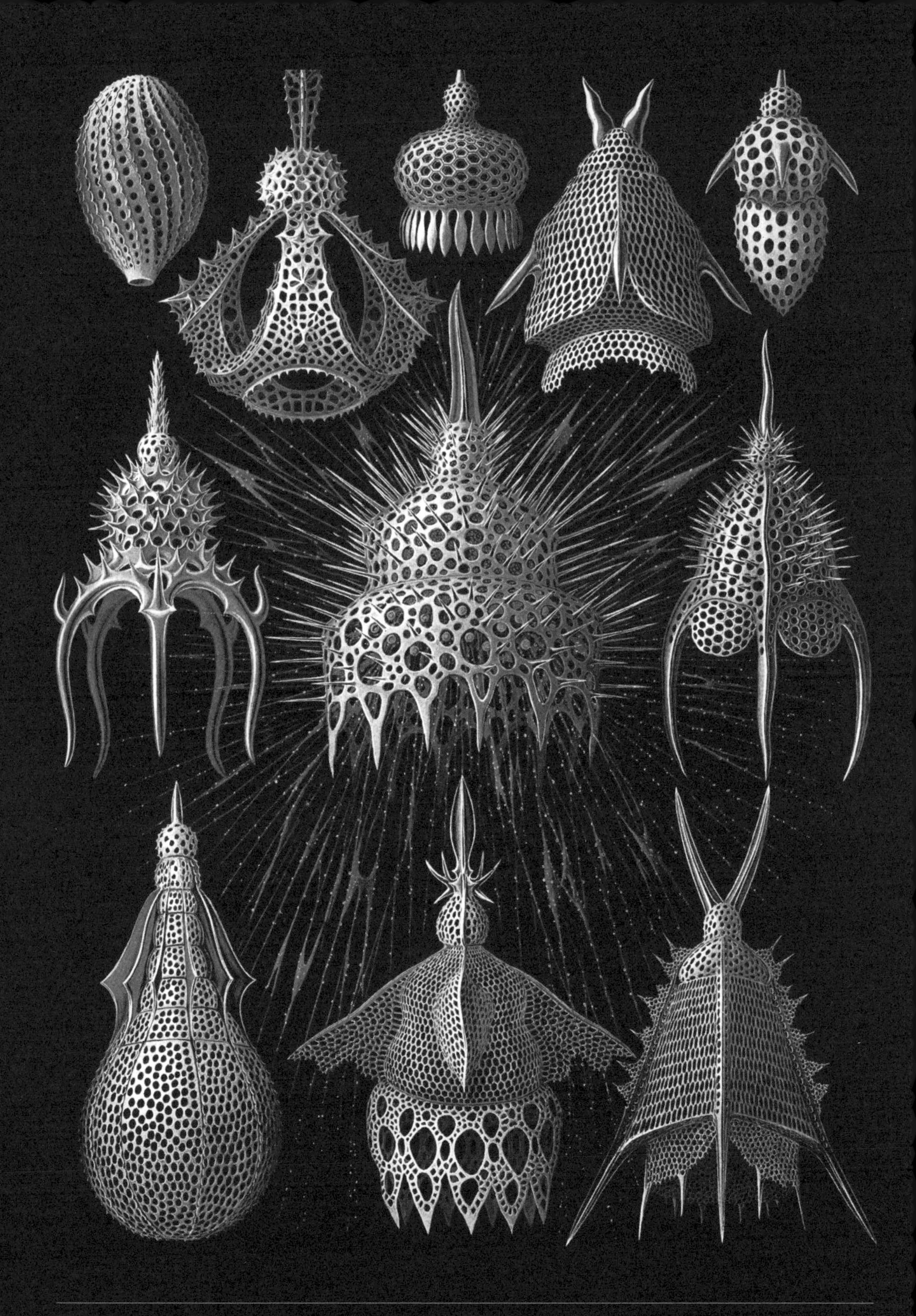

Cyrtoidea *Calocyclas* 笼虫亚目

Tafel 31

Kunstformen der Natur　　自然的艺术形态

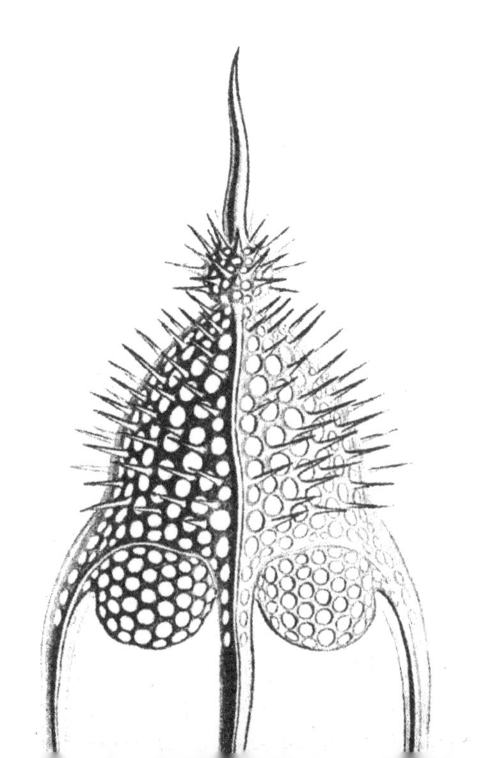

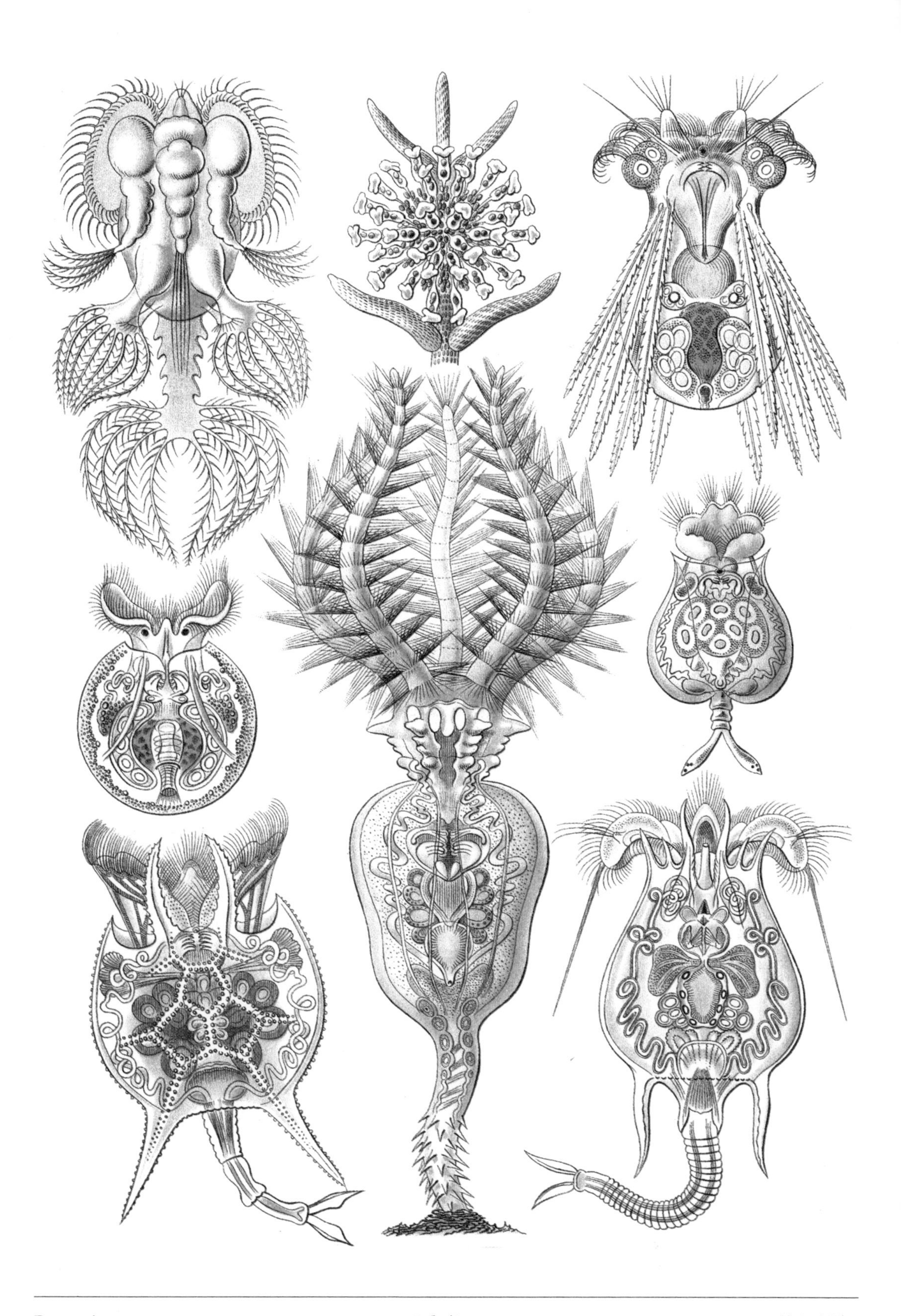

Tafel 32

Kunstformen der Natur　　自然的艺术形态

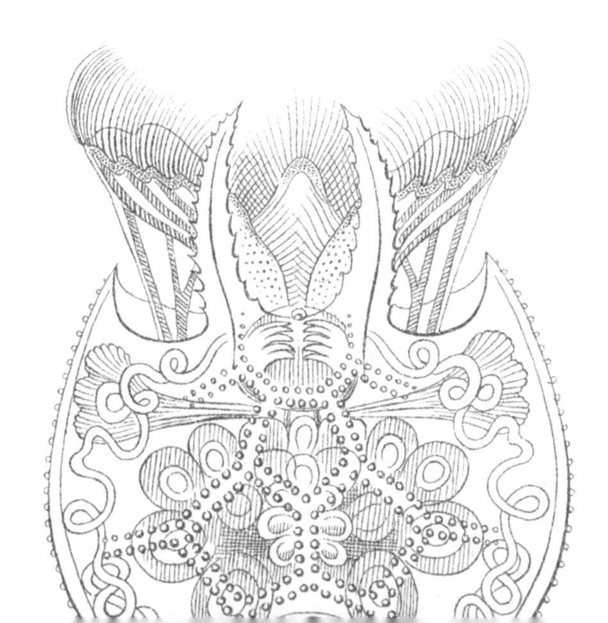

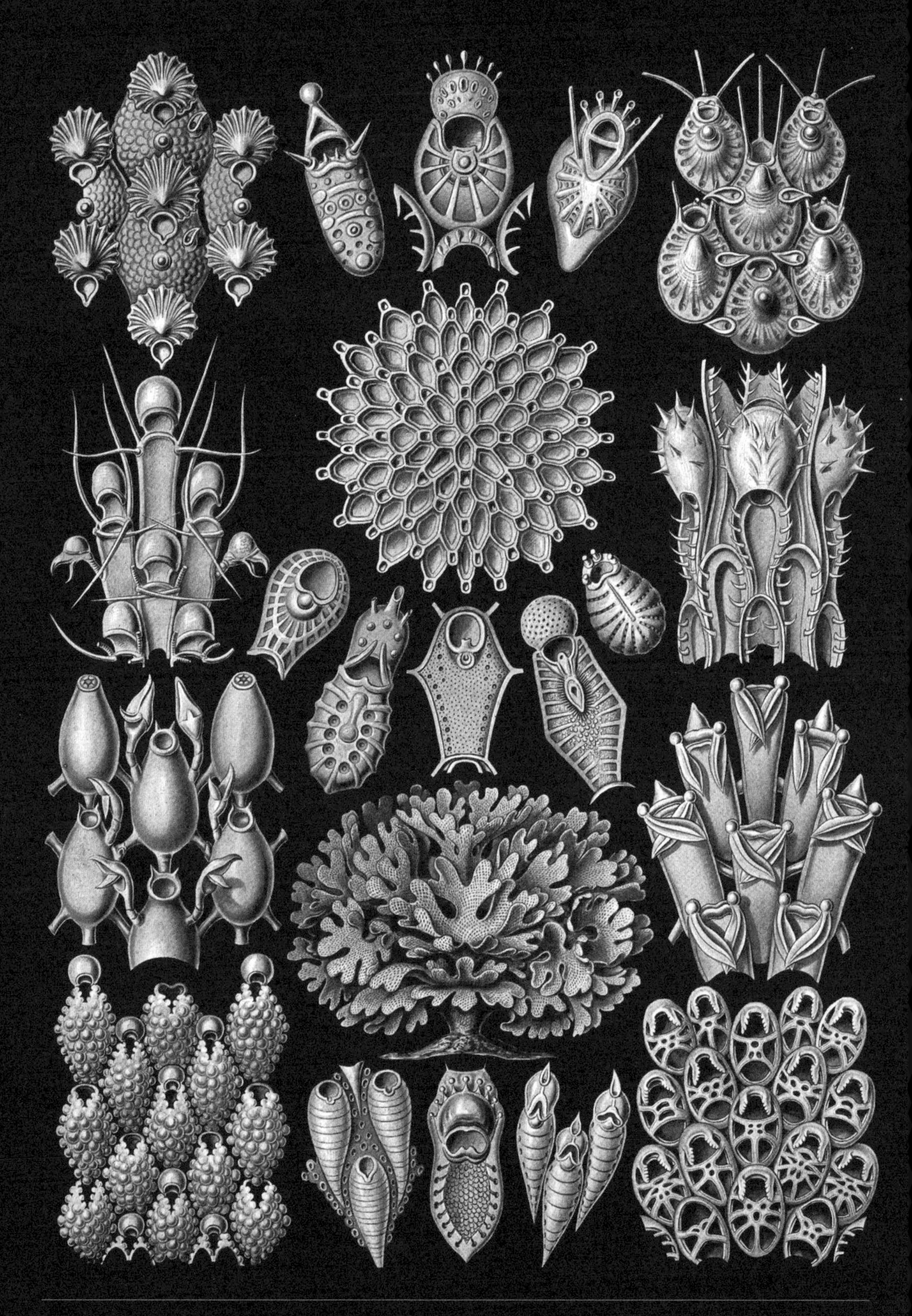

Bryozoa *Flustra* 苔藓动物门

Tafel 33

Kunstformen der Natur　自然的艺术形态

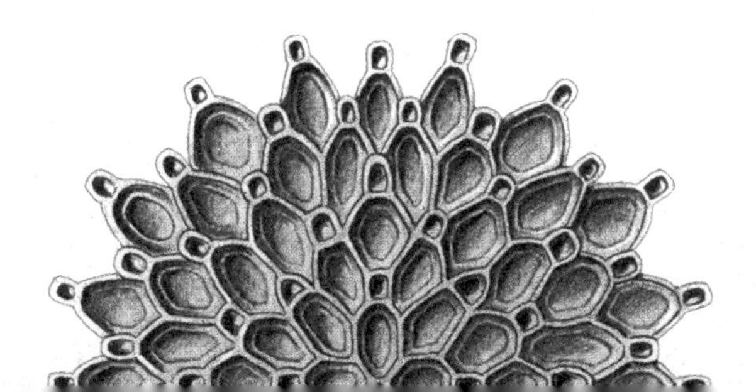

Melethallia *Pediastrum* 盘星藻属

Tafel 34

Kunstformen der Natur　　自然的艺术形态

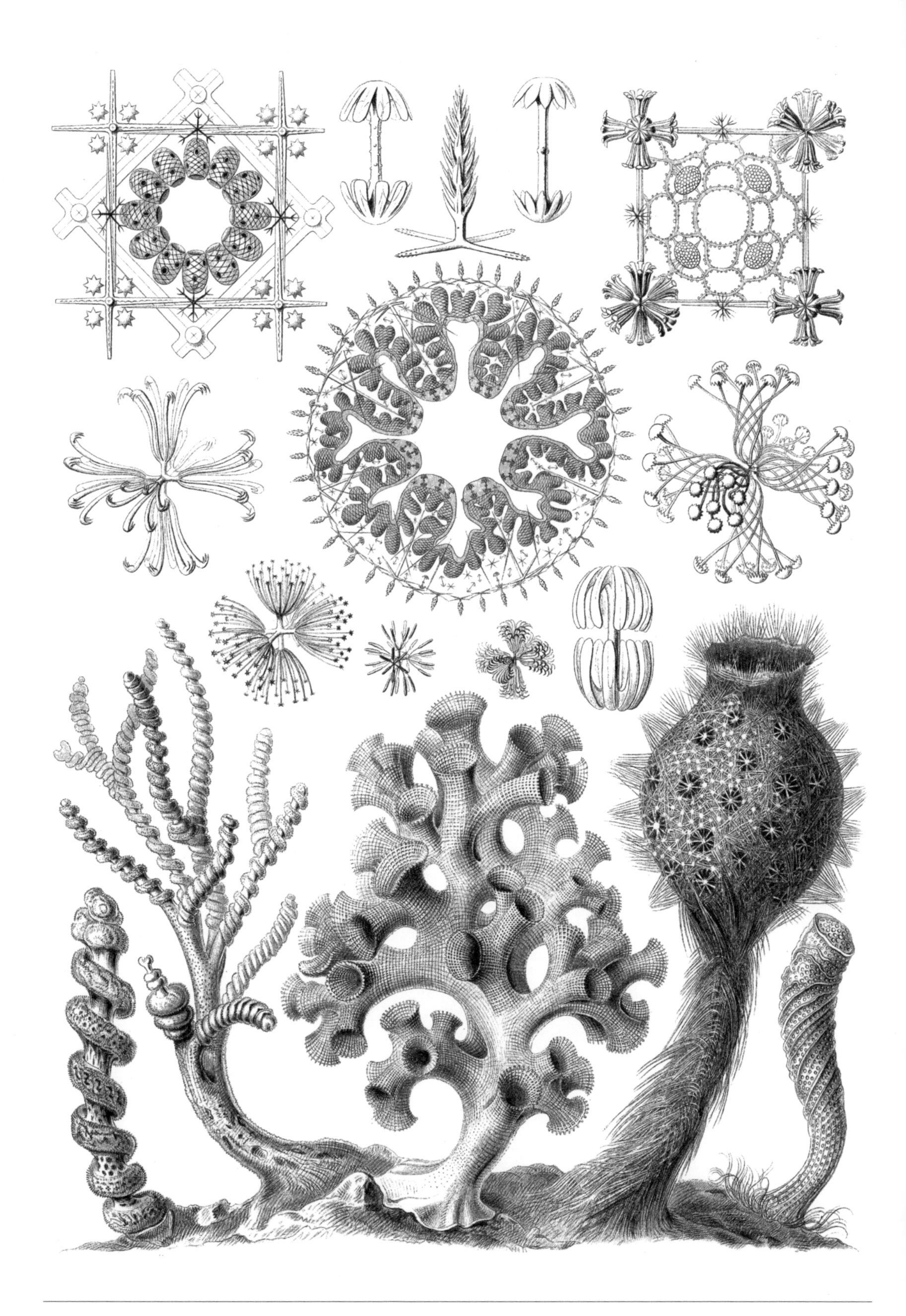

Hexactinellae *Farrea* 六放海绵纲

Tafel 35

Kunstformen der Natur　　自然的艺术形态

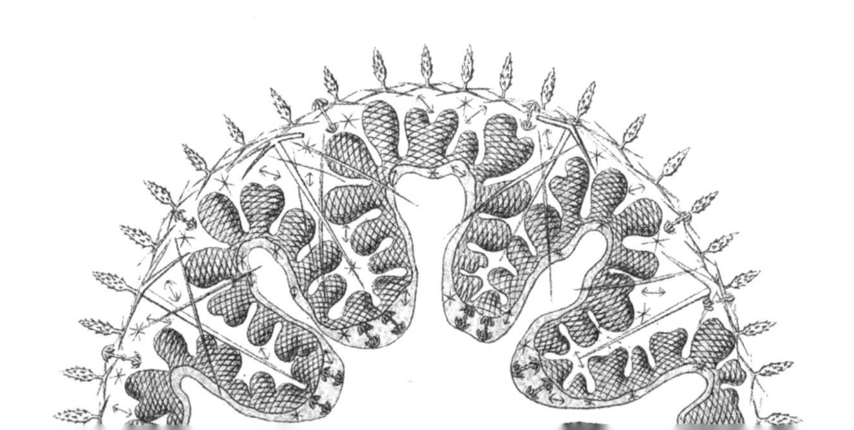

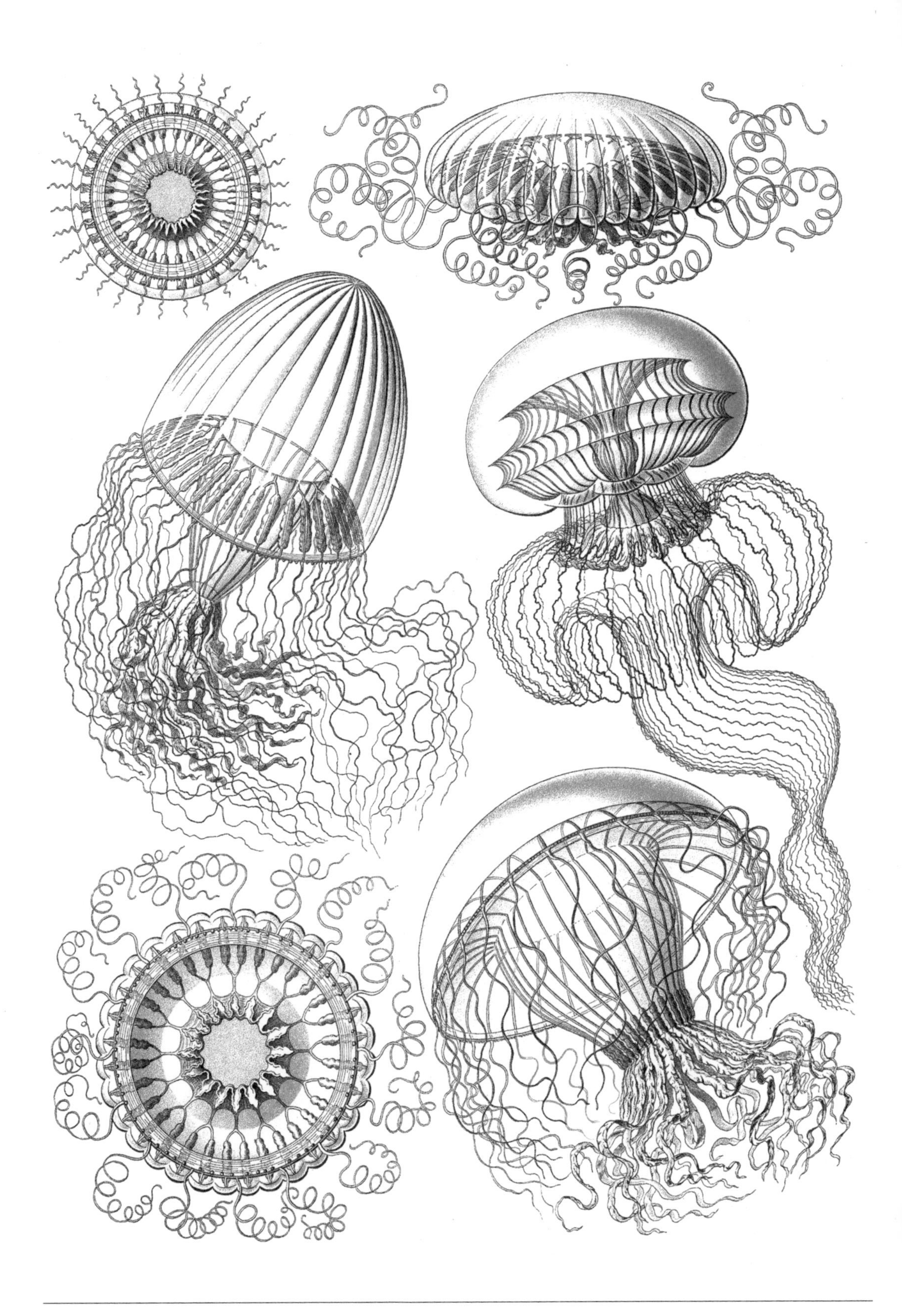

Tafel 36

Kunstformen der Natur 自然的艺术形态

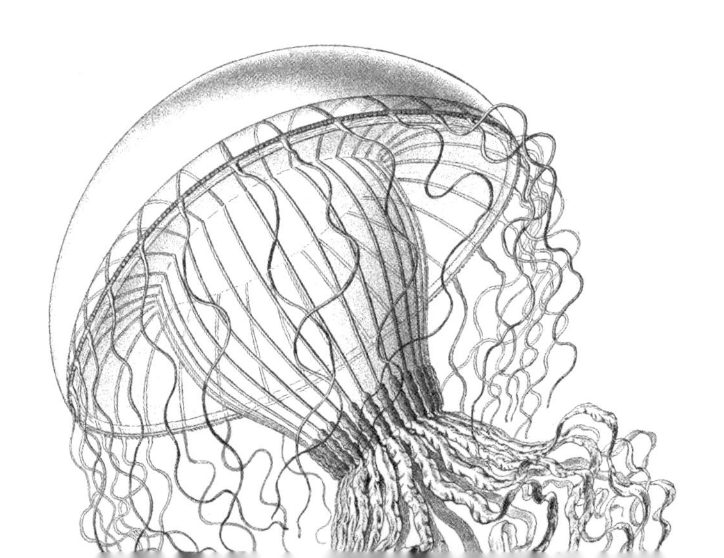

Siphonophorae *Discolabe* 管水母目

Tafel 37

Kunstformen der Natur　　自然的艺术形态

Peromedusae *Periphylla* 盖缘水母科

Tafel 38

Kunstformen der Natur　　自然的艺术形态

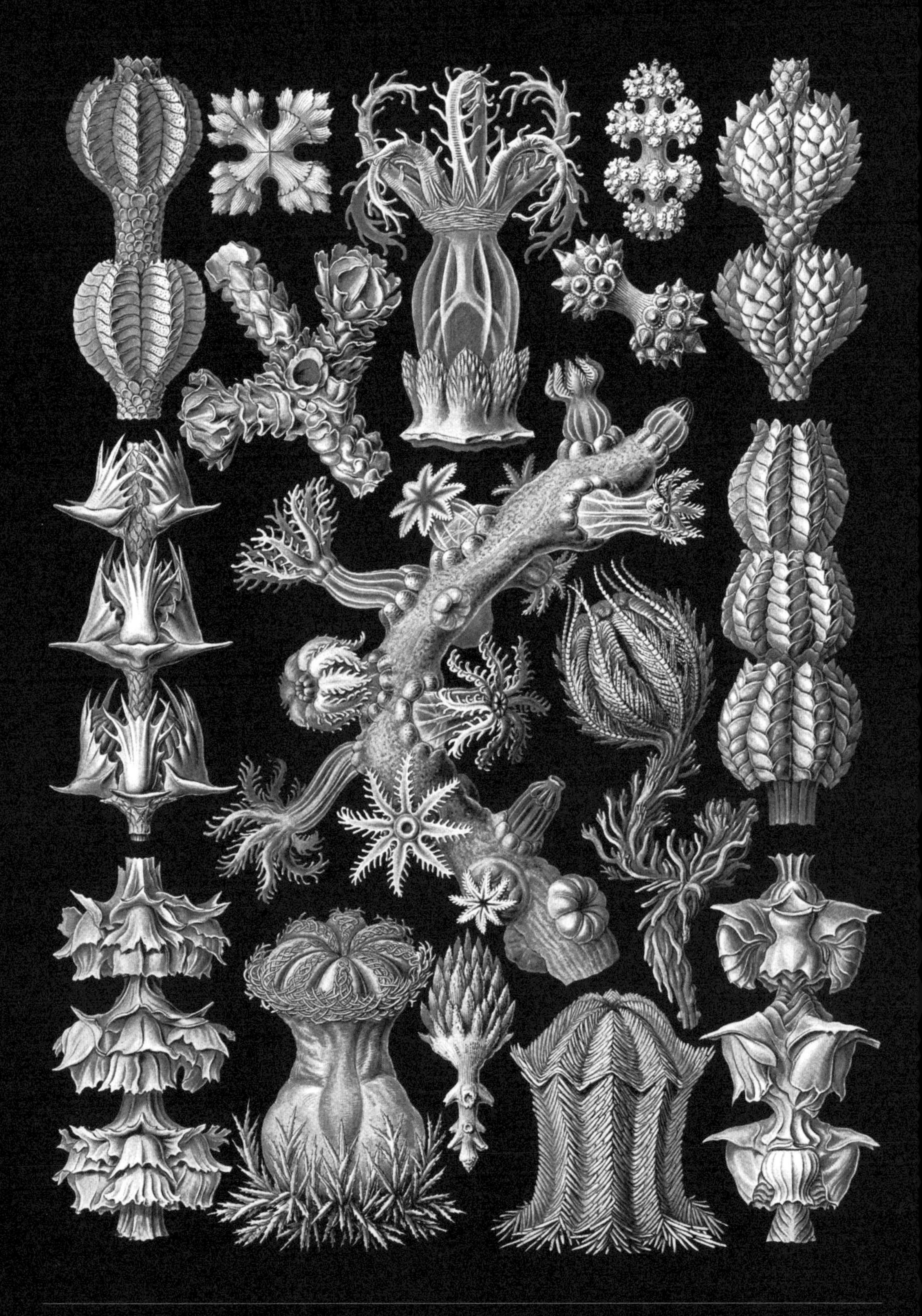

Gorgonida *Gorgonia* 柳珊瑚属

Tafel 39

Kunstformen der Natur　　自然的艺术形态

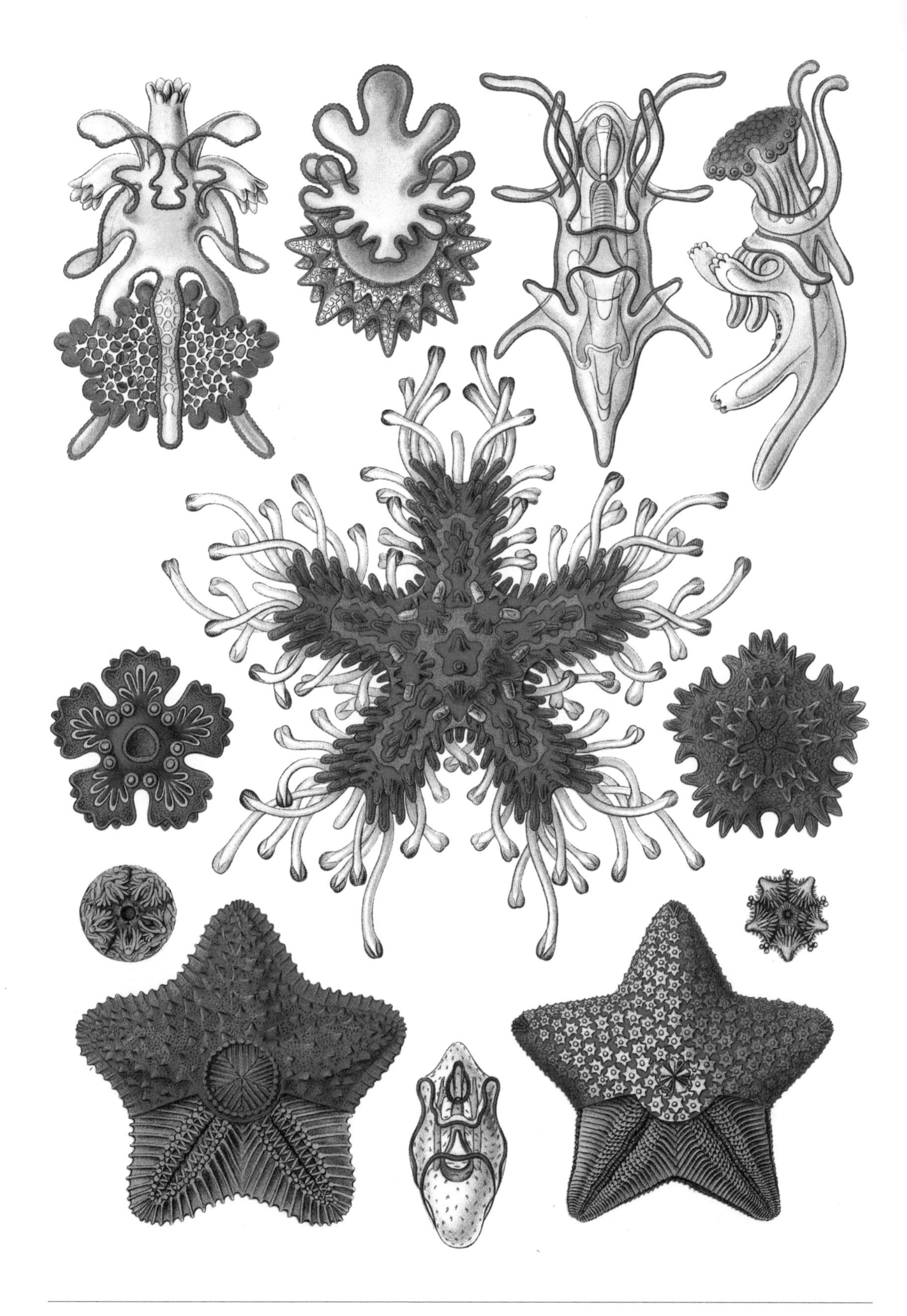

Asteridea *Asterias* 海星

Tafel 40

Kunstformen der Natur　自然的艺术形态

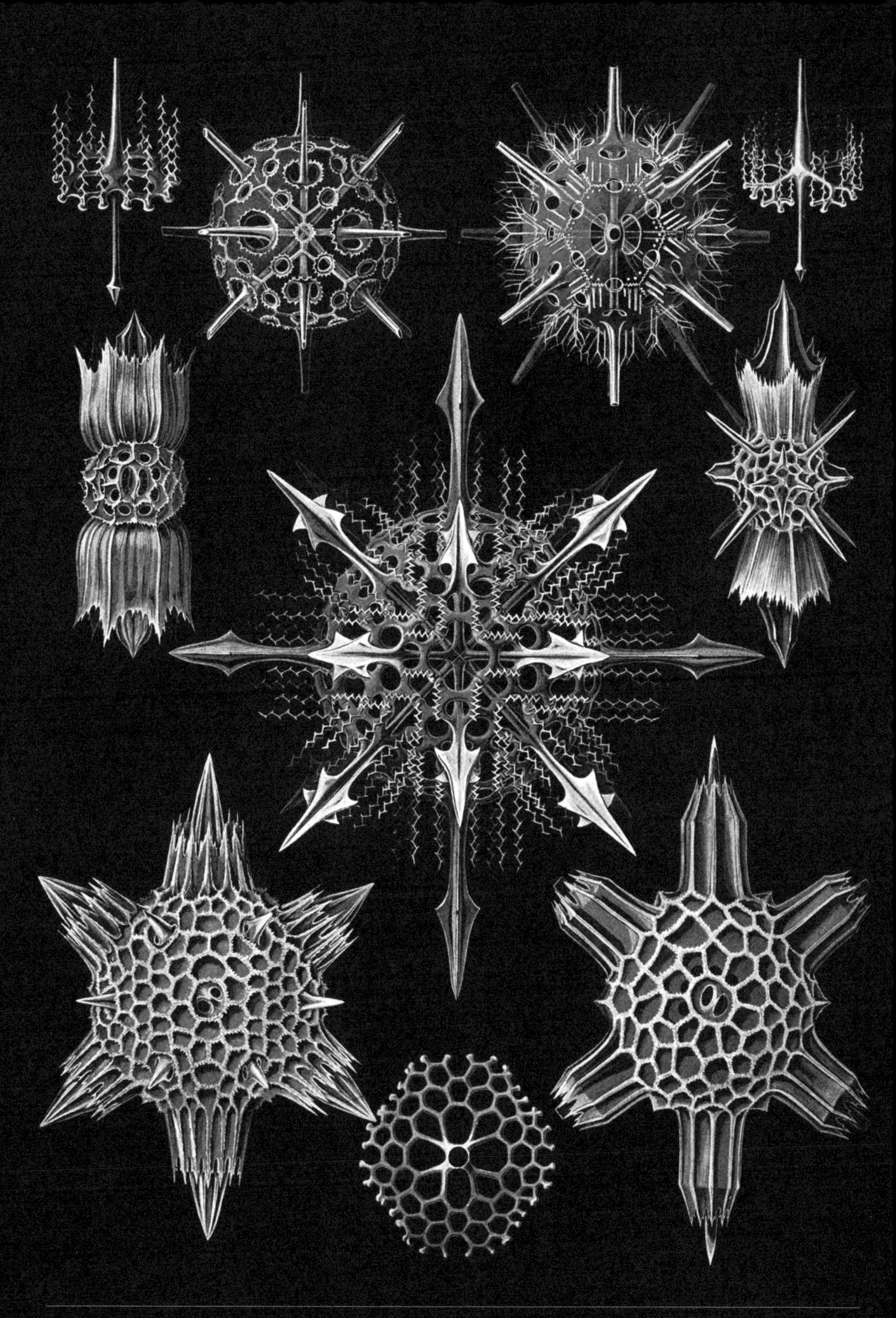

Acanthophracta *Dorataspis* 棘骨虫

Tafel 41

Kunstformen der Natur　　自然的艺术形态

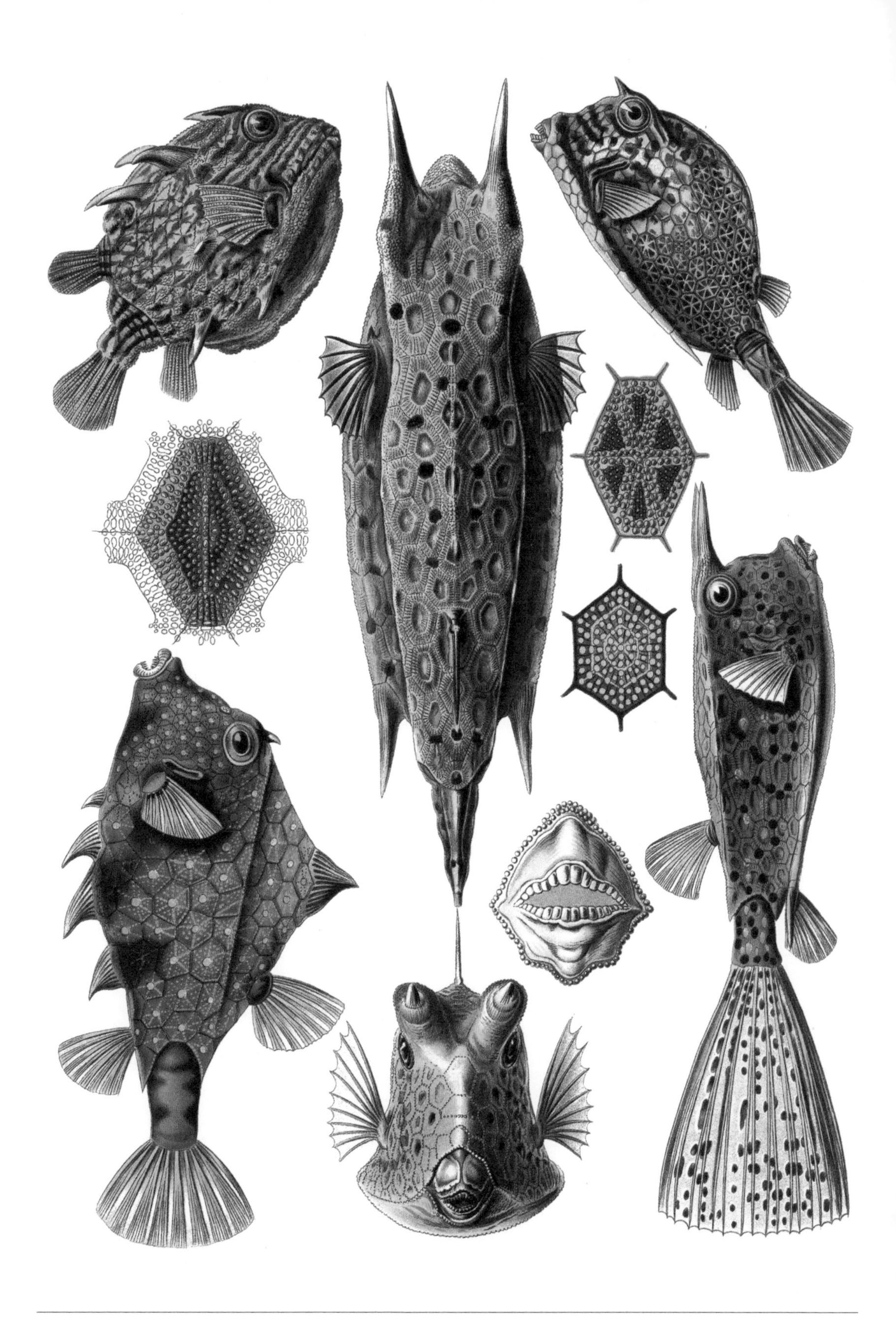

Ostraciontes *Ostracion* 箱鲀

Tafel 42

Kunstformen der Natur　　自然的艺术形态

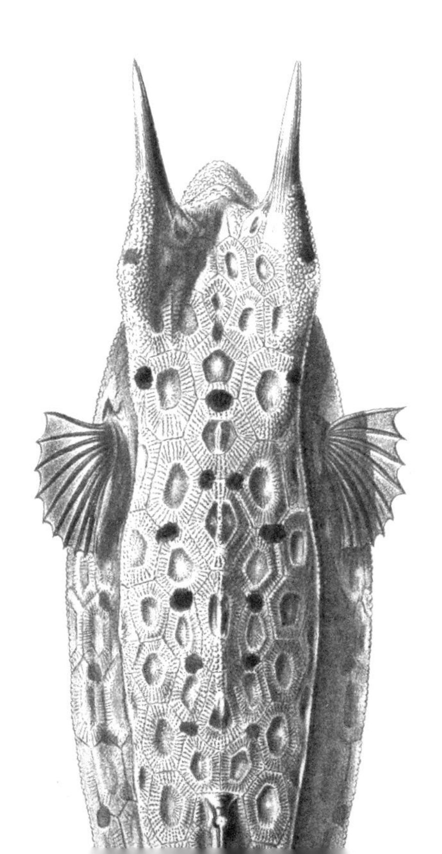

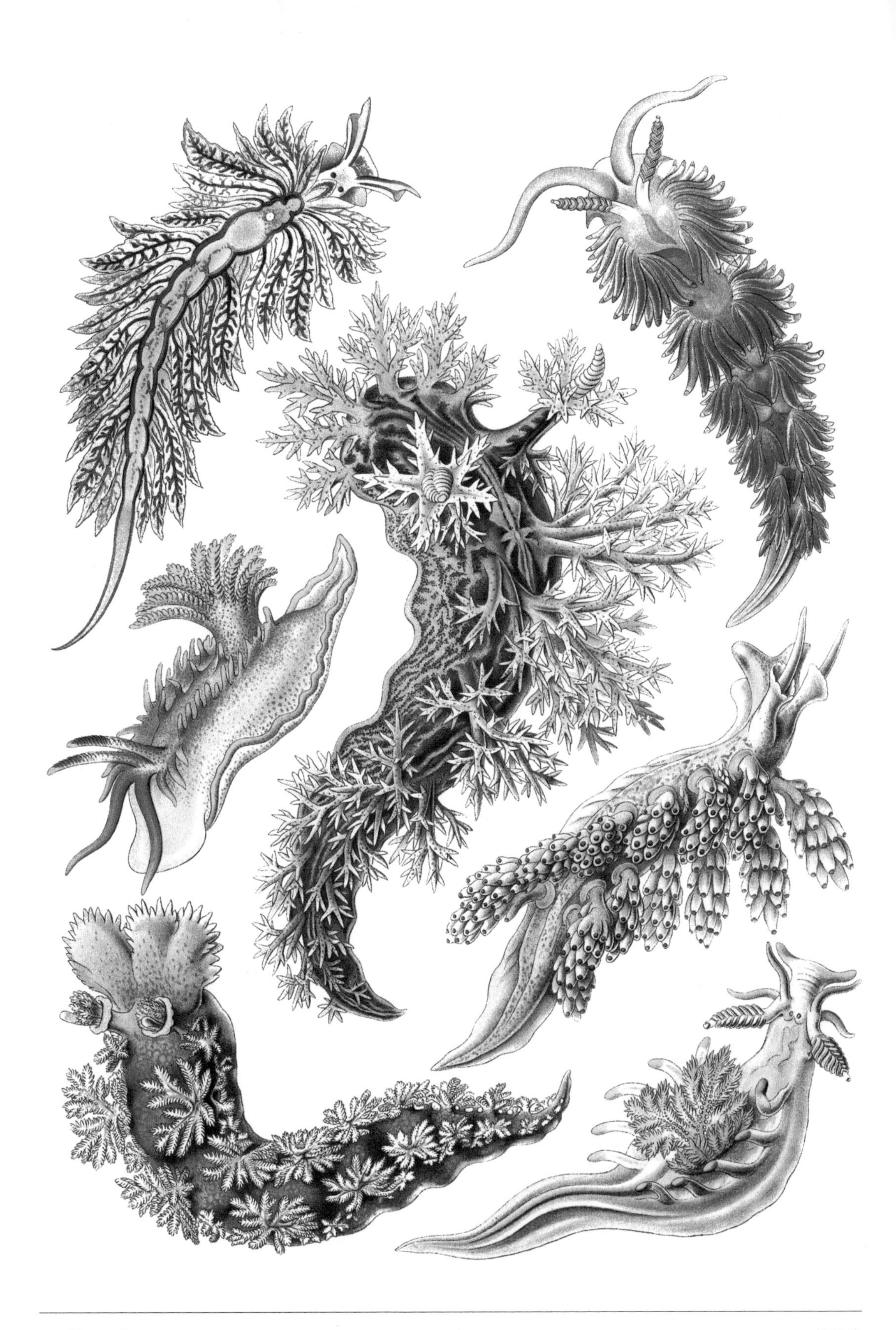

Nudibranchia *Aeolis* 裸腮类

Tafel 43

Kunstformen der Natur　　自然的艺术形态

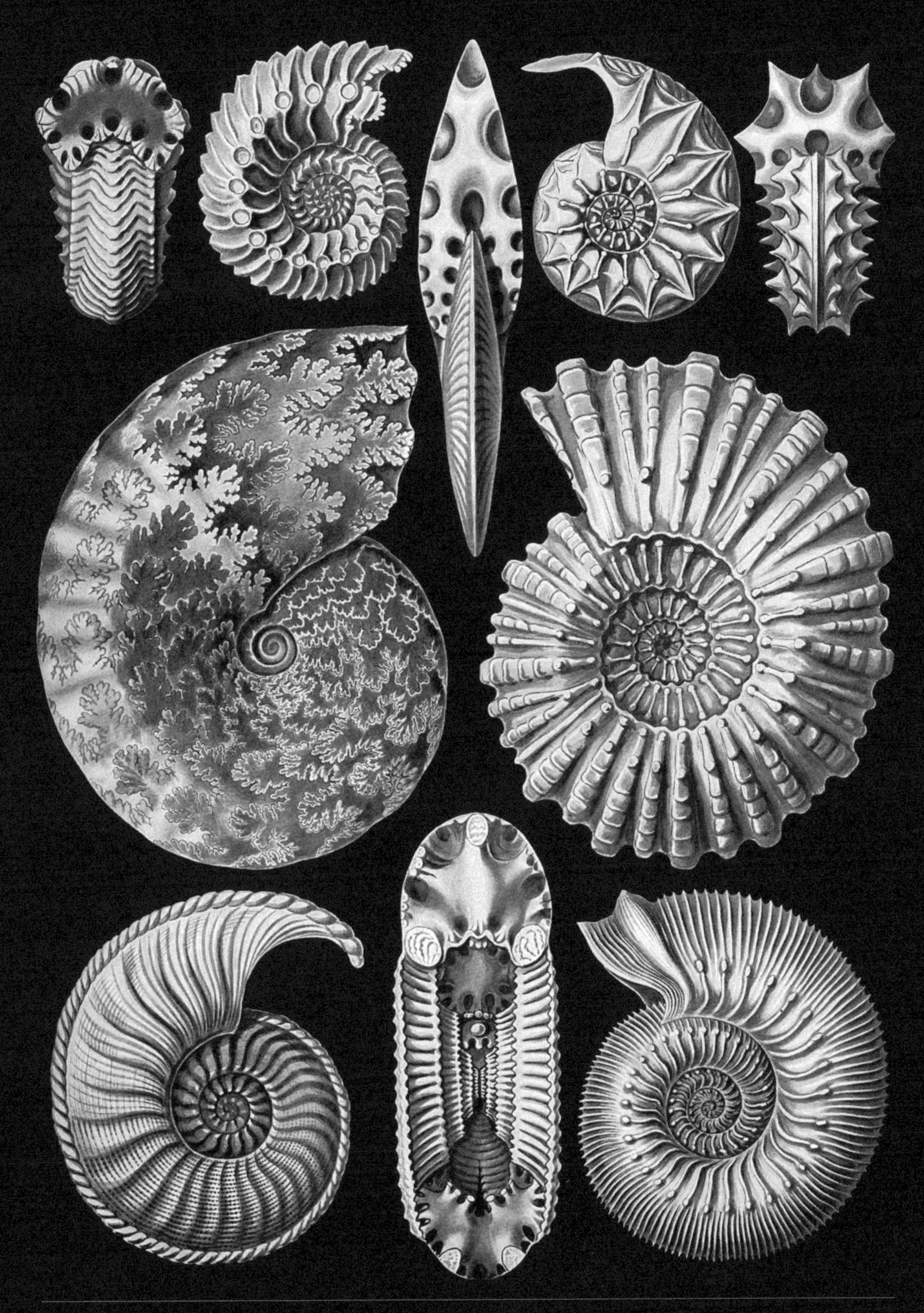

Ammonitida　*Ammonites*　菊石目

Tafel 44

Kunstformen der Natur 自然的艺术形态

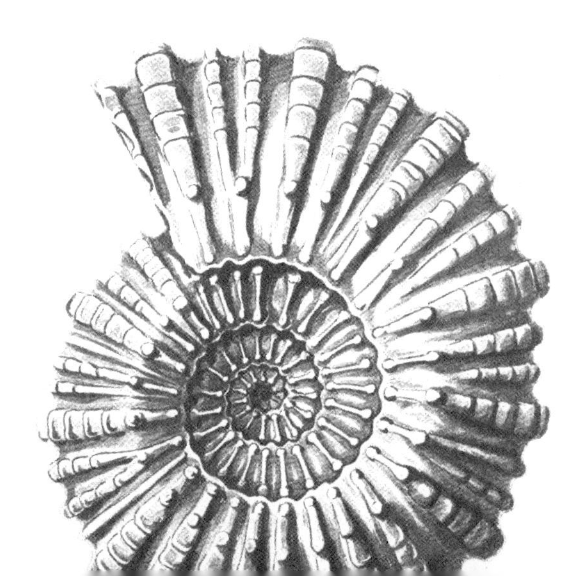

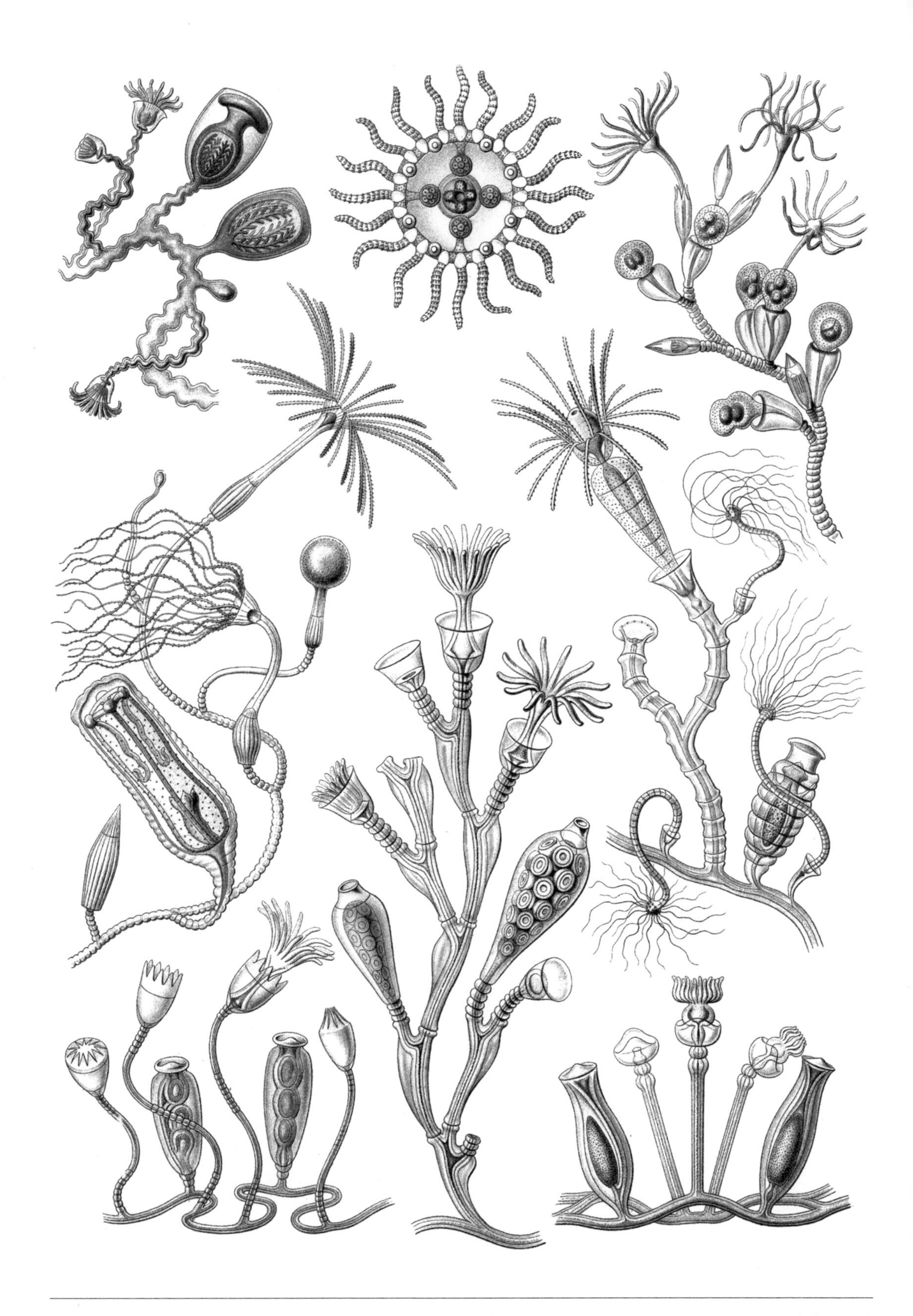

Campanariae *Campanulina* 钟螅水母科

Tafel 45

Kunstformen der Natur 自然的艺术形态

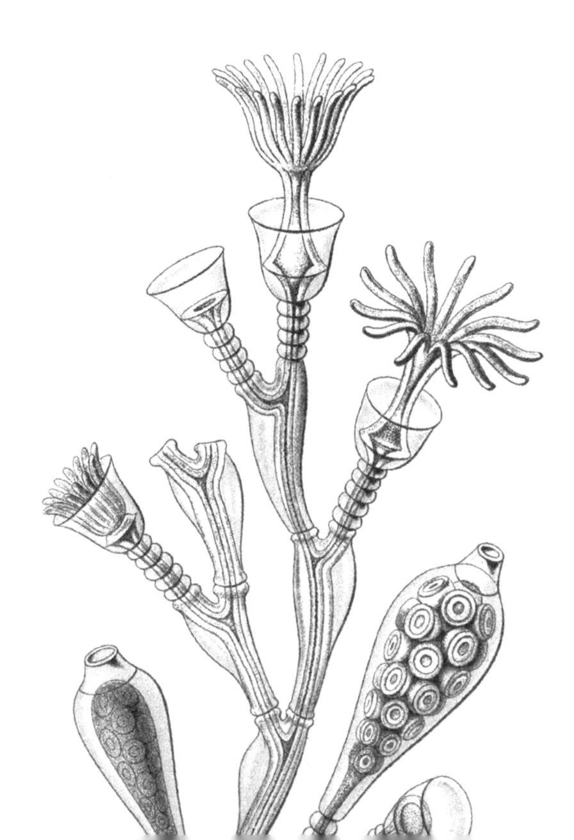

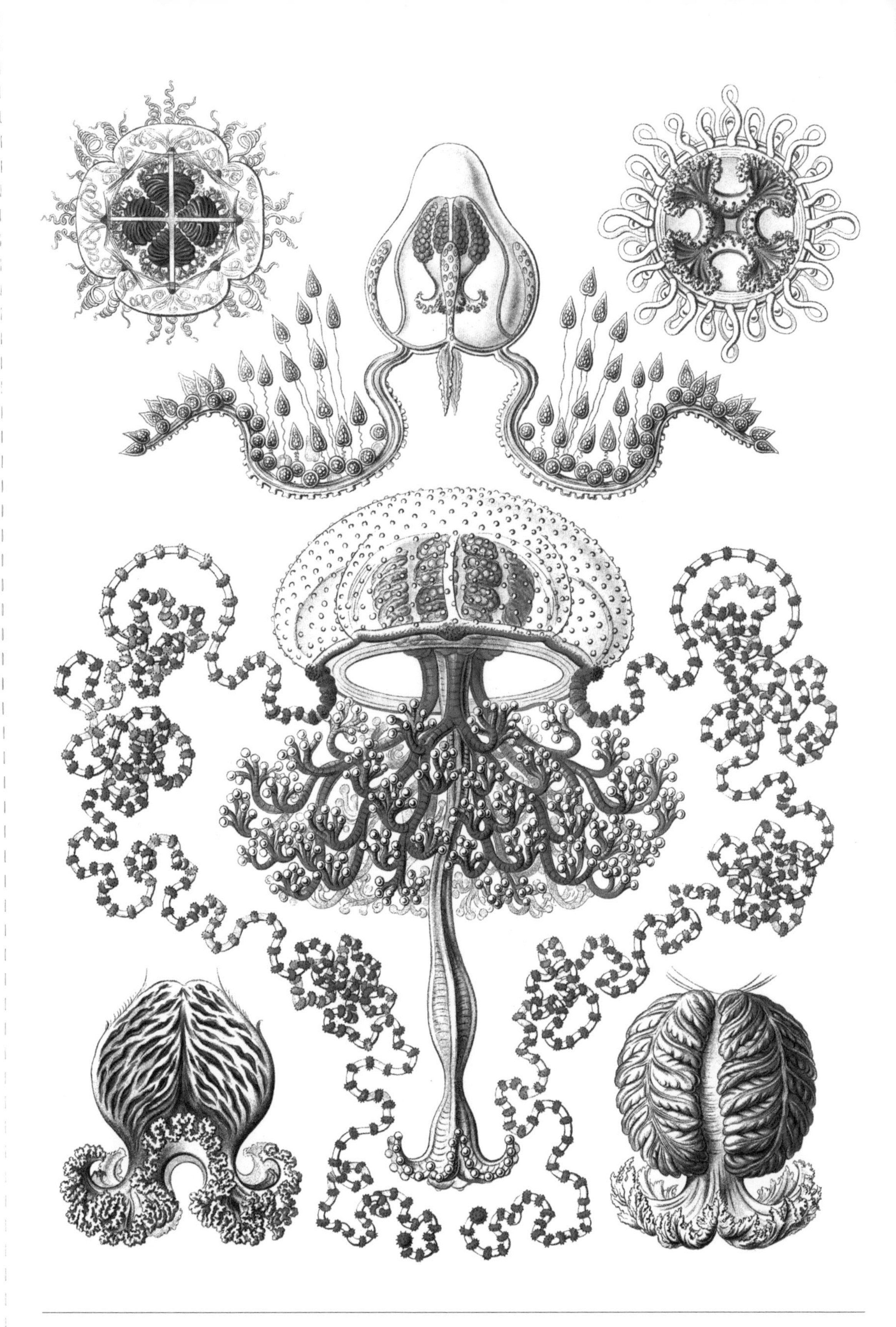

Anthomedusae *Gemmaria* 花水母目

Tafel 46

Kunstformen der Natur　　自然的艺术形态

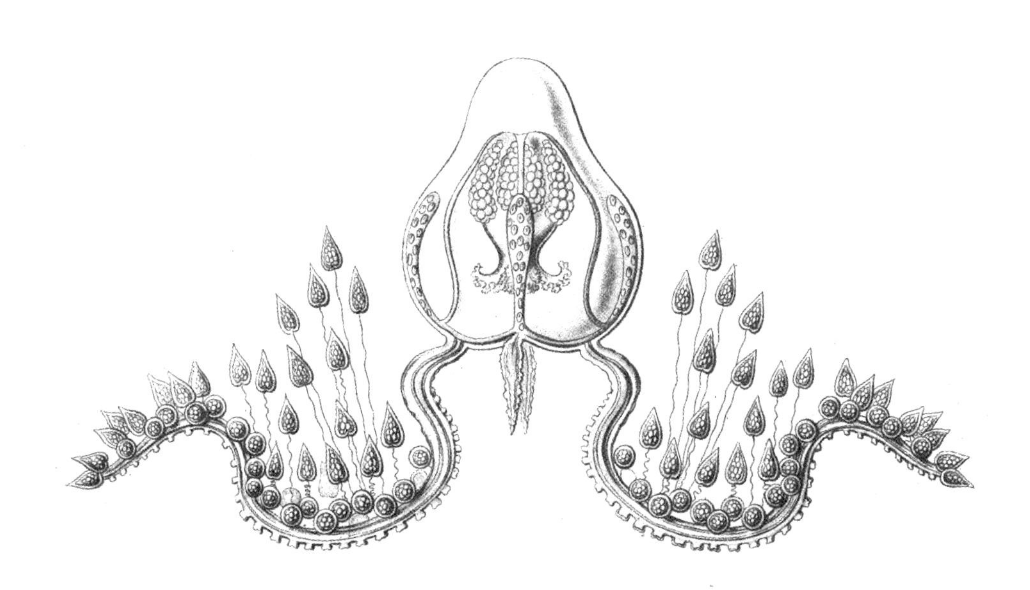

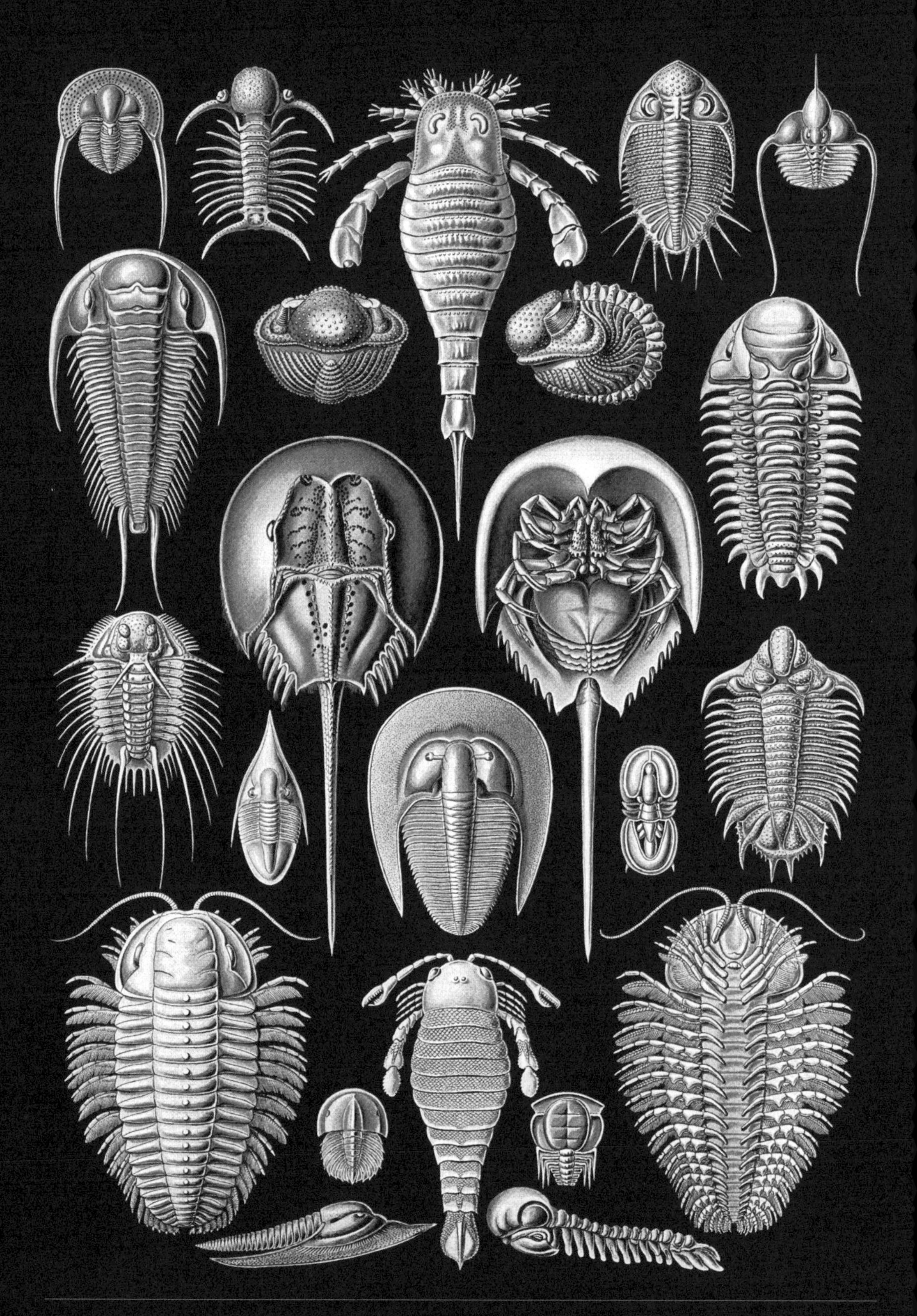

Aspidonia　*Limulus*　鲎属

Tafel 47

Kunstformen der Natur　自然的艺术形态

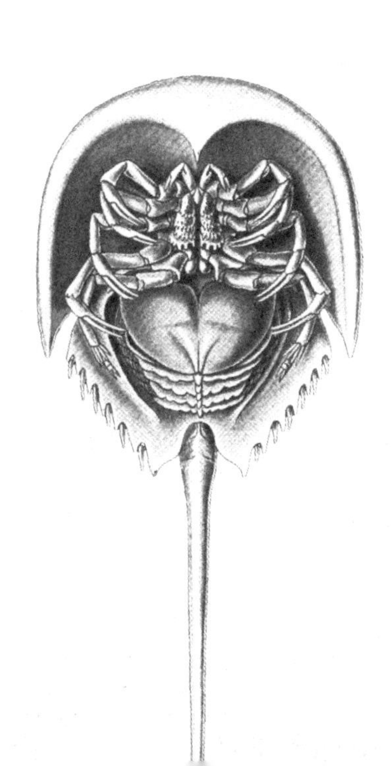

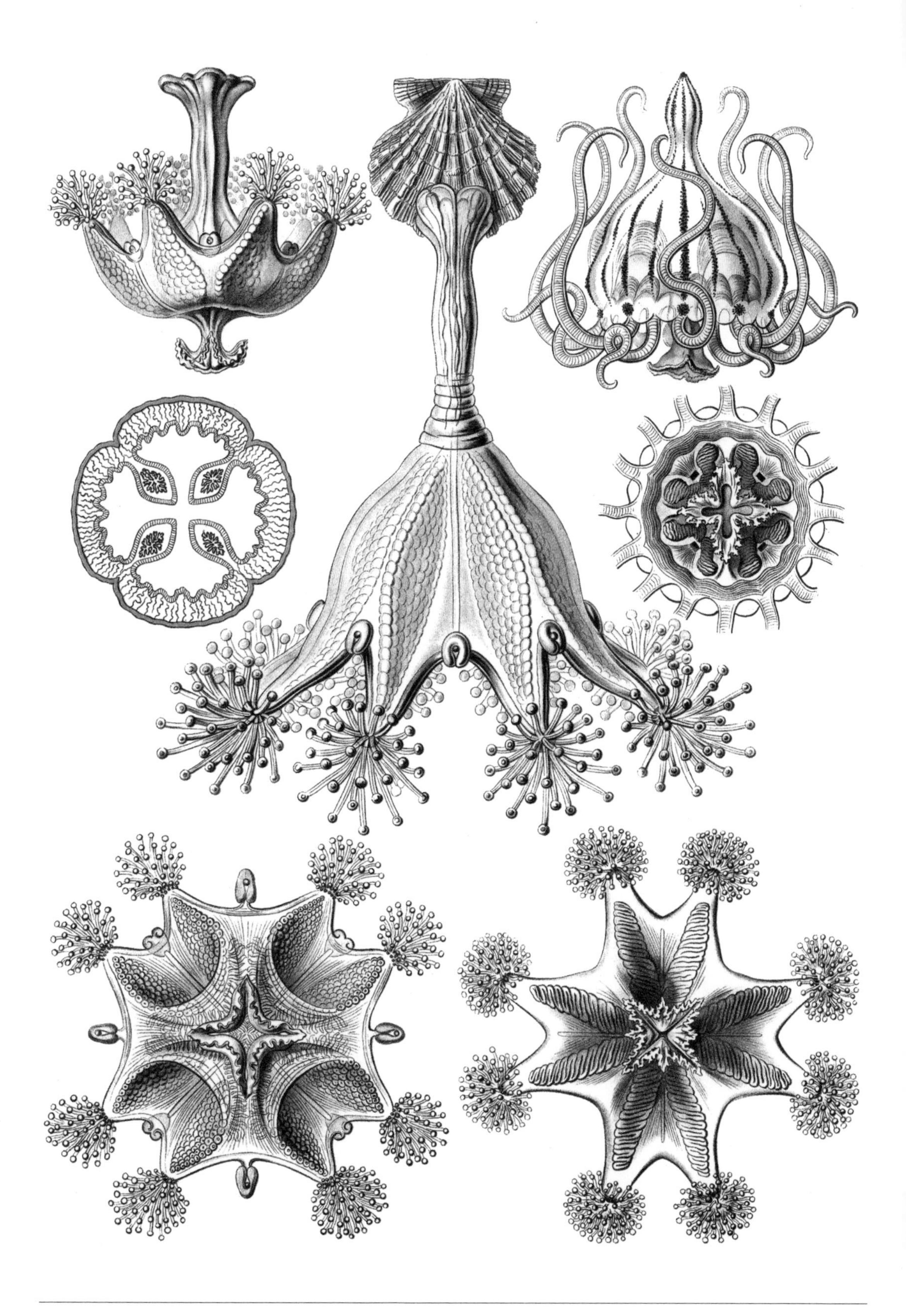

Stauromedusae *Lucernaria* 十字水母目

Tafel 48

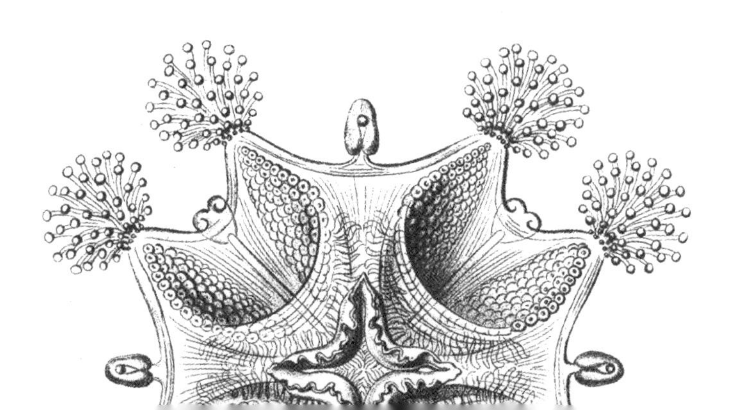

Actiniae *Heliactis* 海葵属

Tafel 49

Kunstformen der Natur　自然的艺术形态

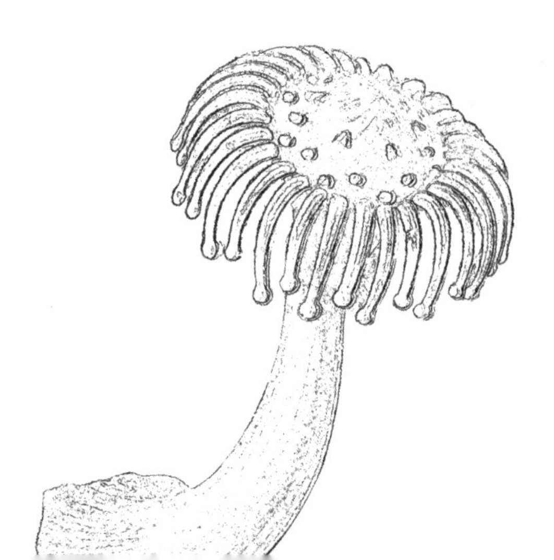

Thuroidea *Sporadipus* 海参

Tafel 50

Kunstformen der Natur　　自然的艺术形态

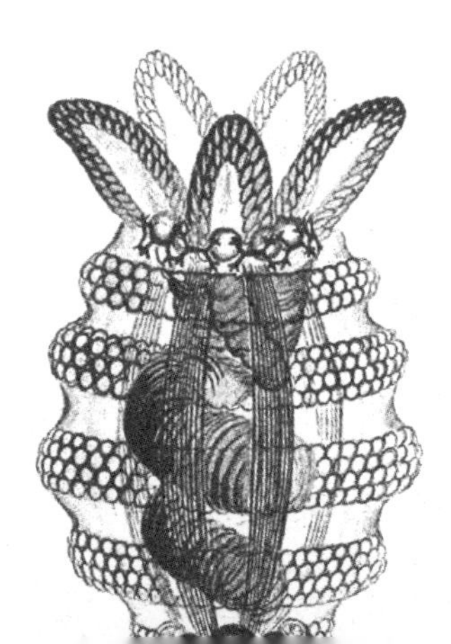

Polycyttaria *Collosphaera* 胶球虫科

Tafel 51

Kunstformen der Natur 自然的艺术形态

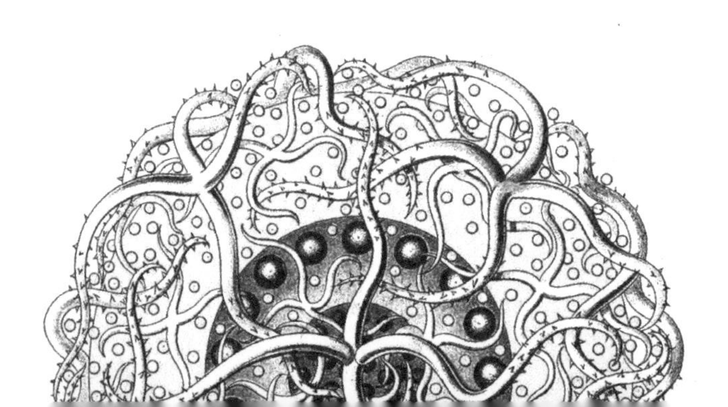

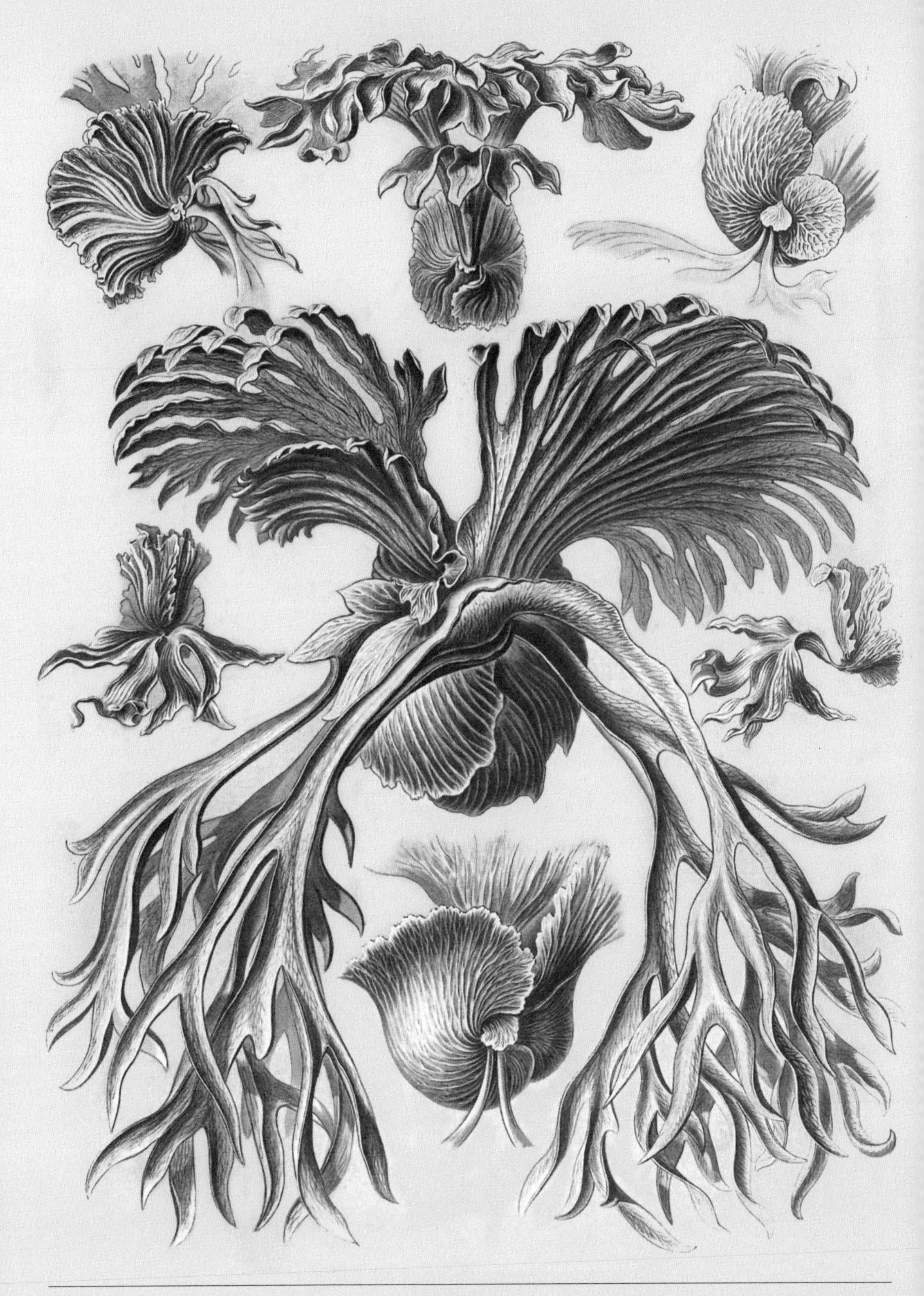

Filicinae *Platycerium* 鹿角蕨属

Tafel 52

Kunstformen der Natur　　自然的艺术形态

Prosobranchia *Murex* 骨螺属

Tafel 53

Kunstformen der Natur　　自然的艺术形态

Gamochonia *Octopus* 章鱼

Tafel 54

Kunstformen der Natur　　自然的艺术形态

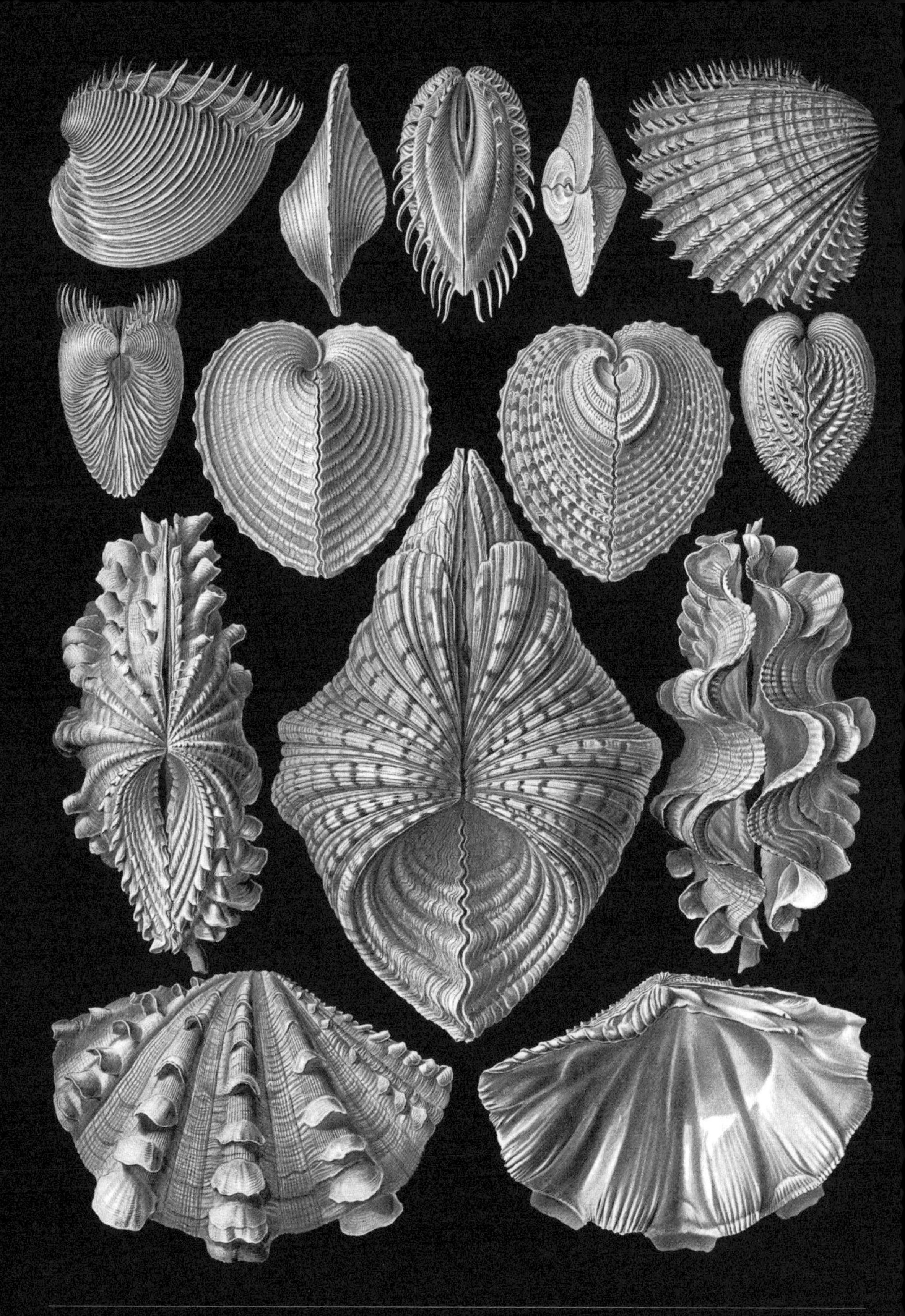

Acephala *Cytherea* 双壳纲

Tafel 55

Kunstformen der Natur　　自然的艺术形态

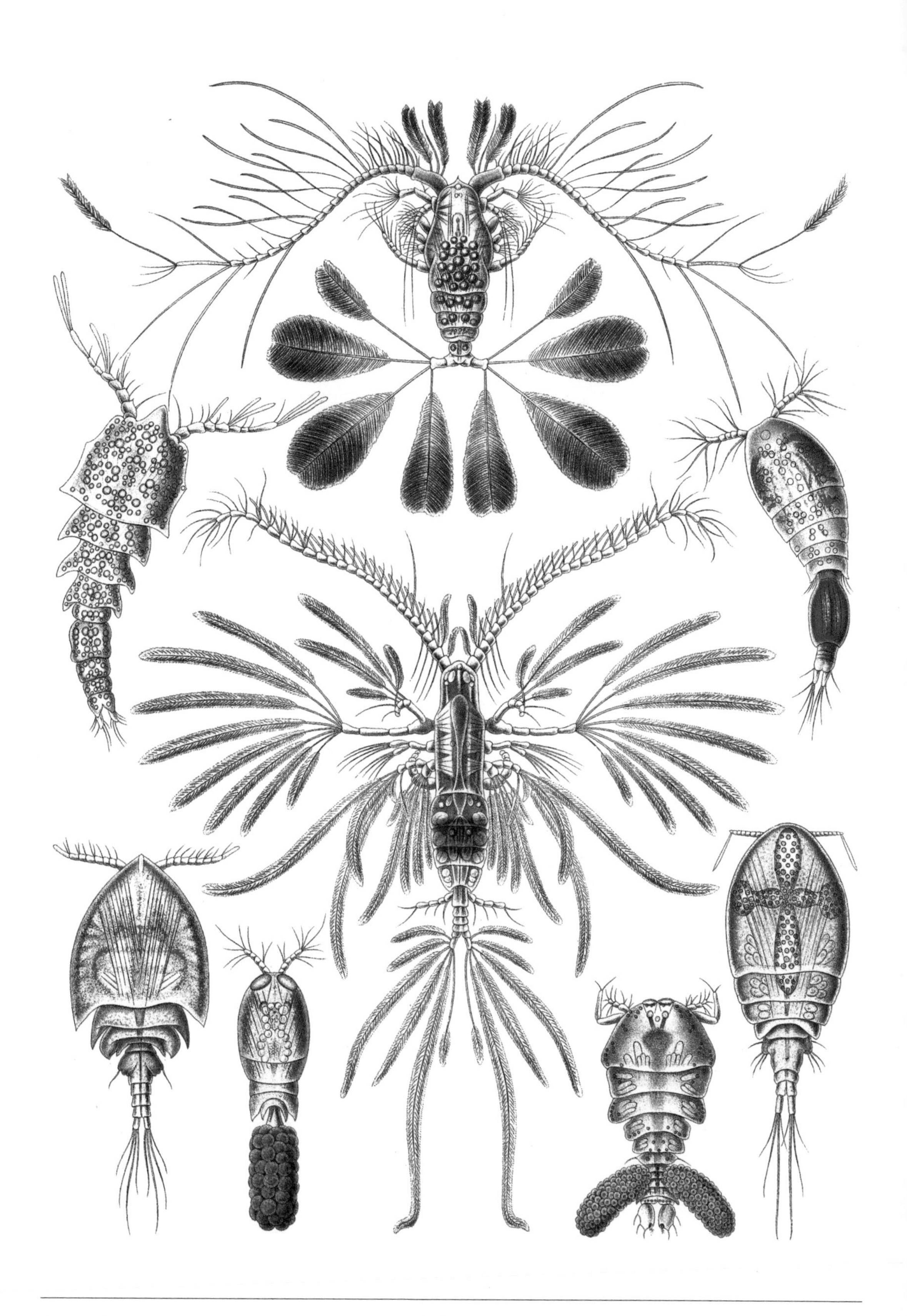

Copepoda *Calanus* 桡足纲

Tafel 56

Kunstformen der Natur　　自然的艺术形态

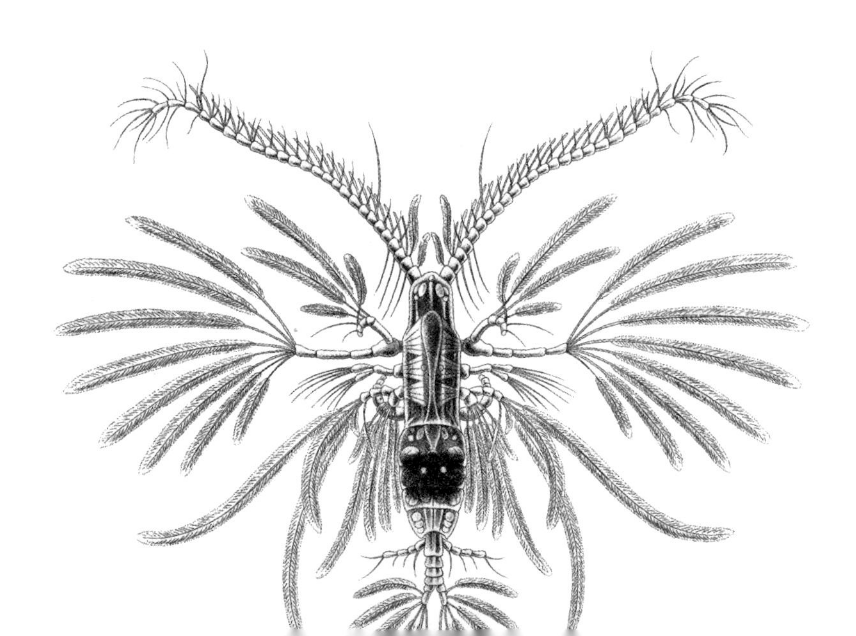

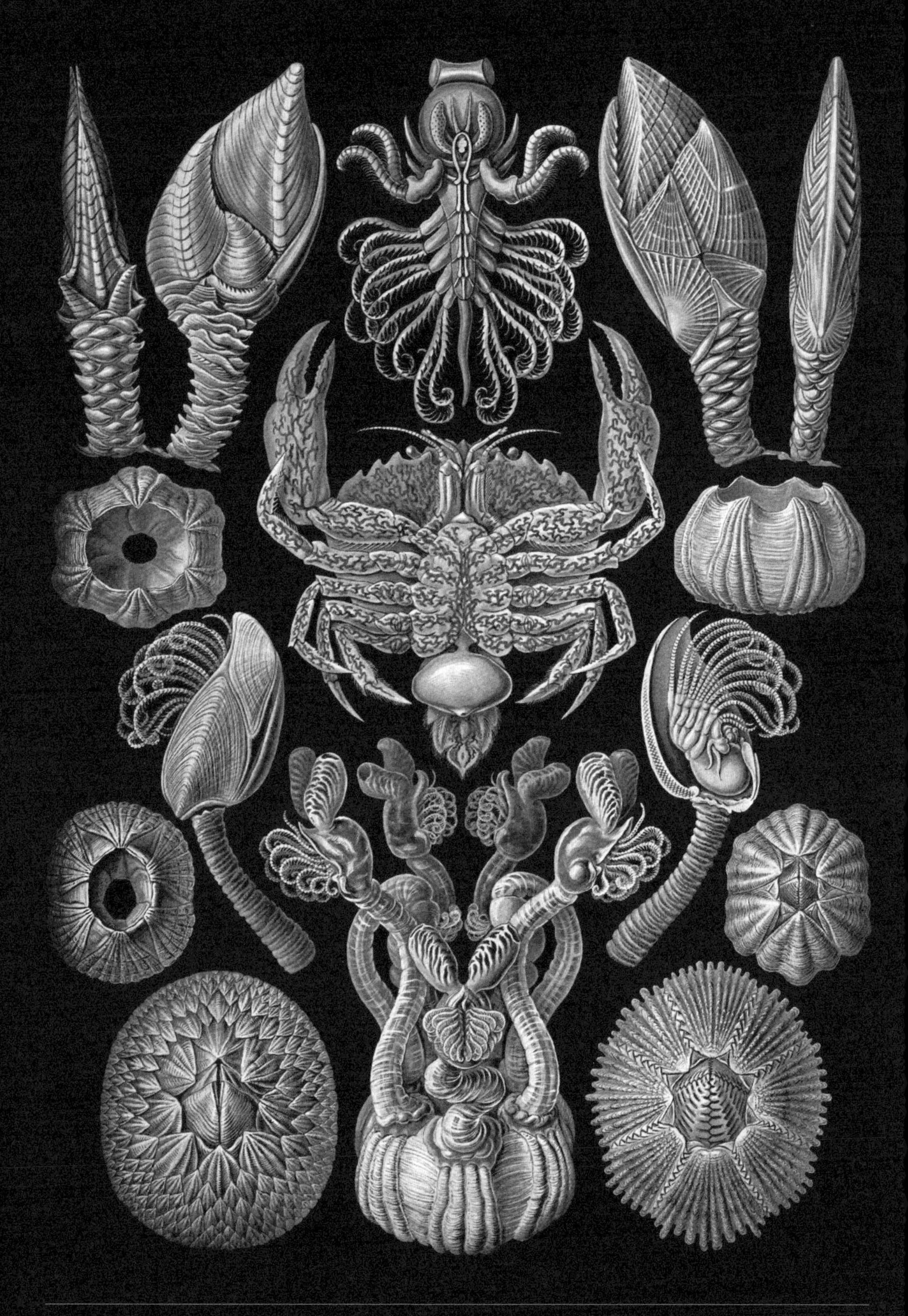

Cirripedia *Lepas* 茗荷属

Tafel 57

Kunstformen der Natur 自然的艺术形态

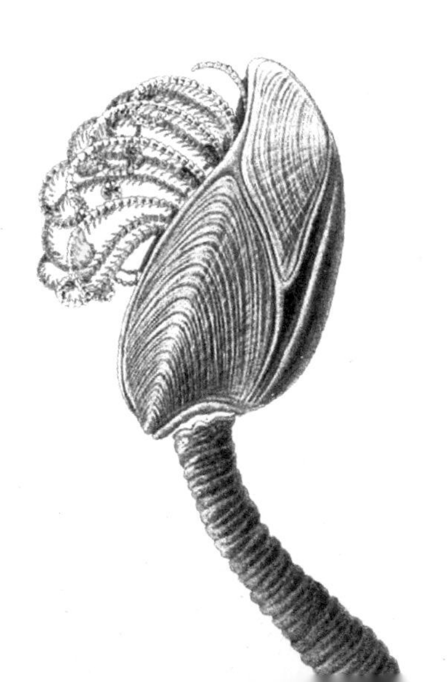

Tineida *Alucita* 多翼蛾属

Tafel 58

Kunstformen der Natur　自然的艺术形态

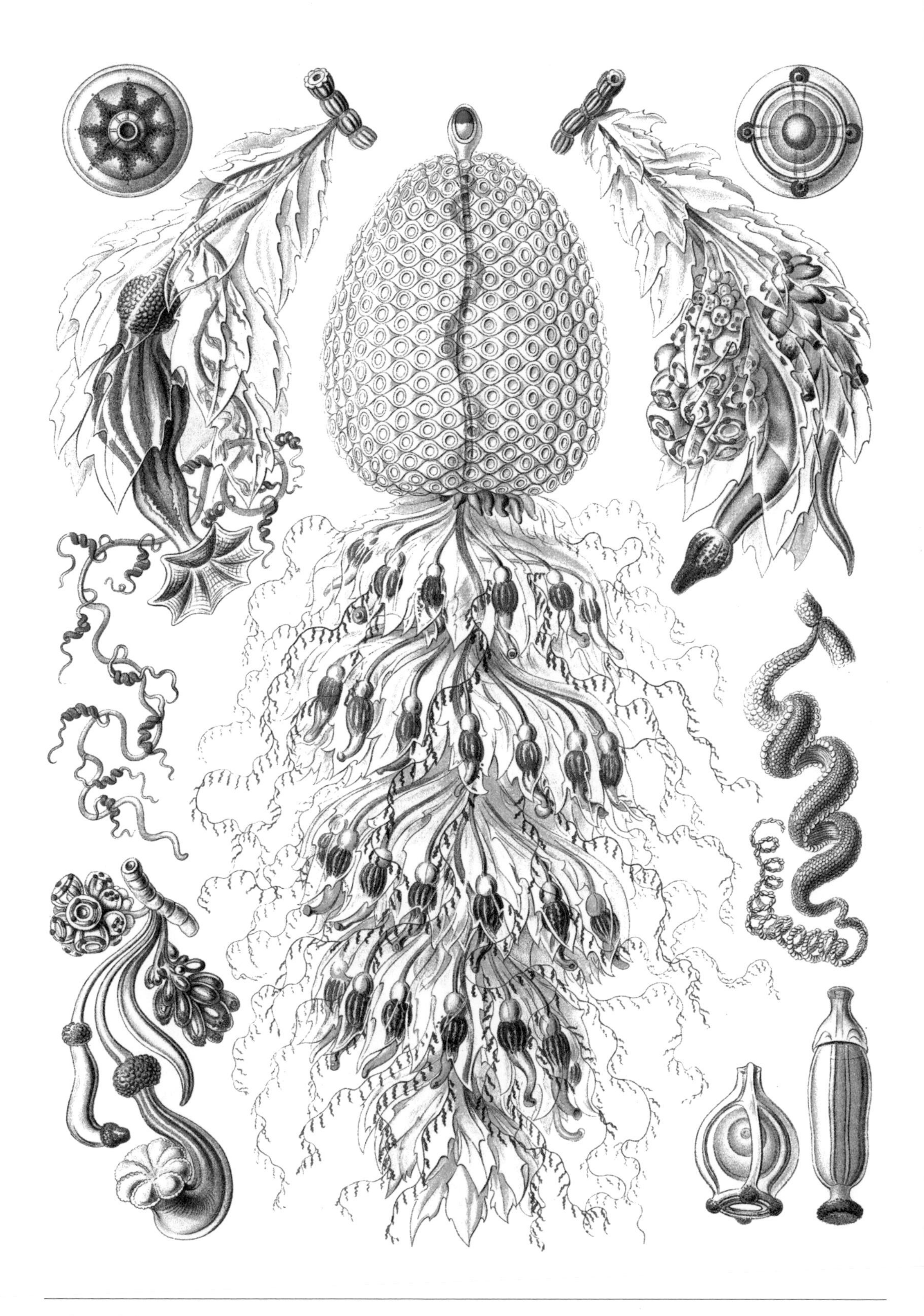

Tafel 59

Kunstformen der Natur 自然的艺术形态

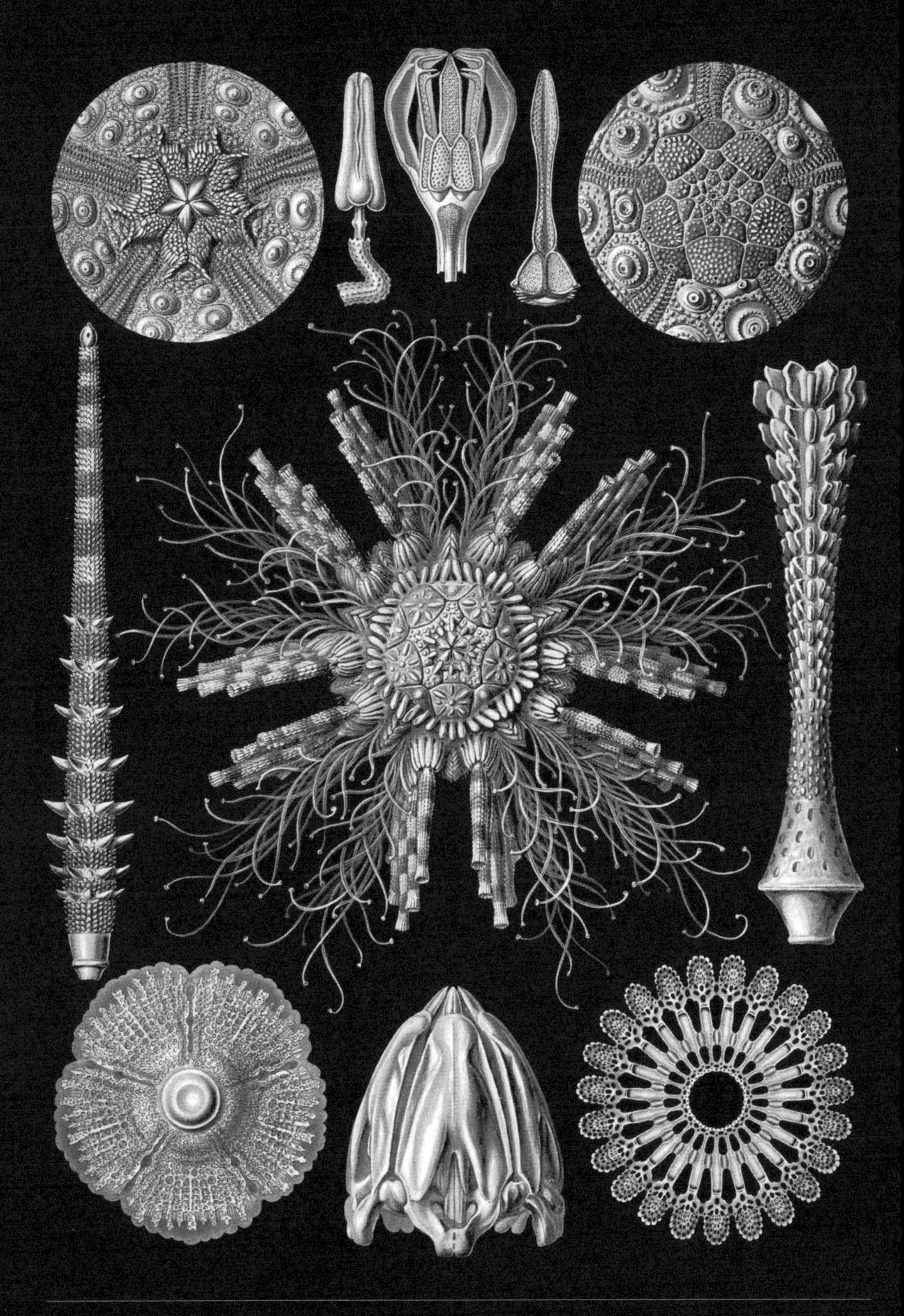

Echinidea *Cidaris* 海胆

Tafel 60

Kunstformen der Natur　　自然的艺术形态

Phaeodaria *Aulographis* 稀孔虫纲

Tafel 61

Kunstformen der Natur 自然的艺术形态

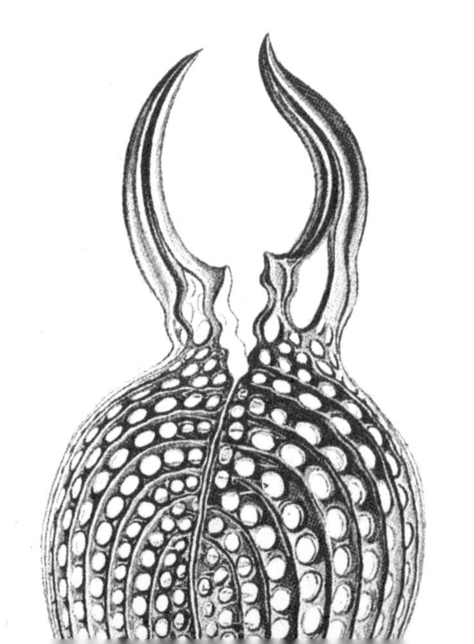

Nepenthaceae *Nepenthes* 猪笼草属

Tafel 62

Kunstformen der Natur　自然的艺术形态

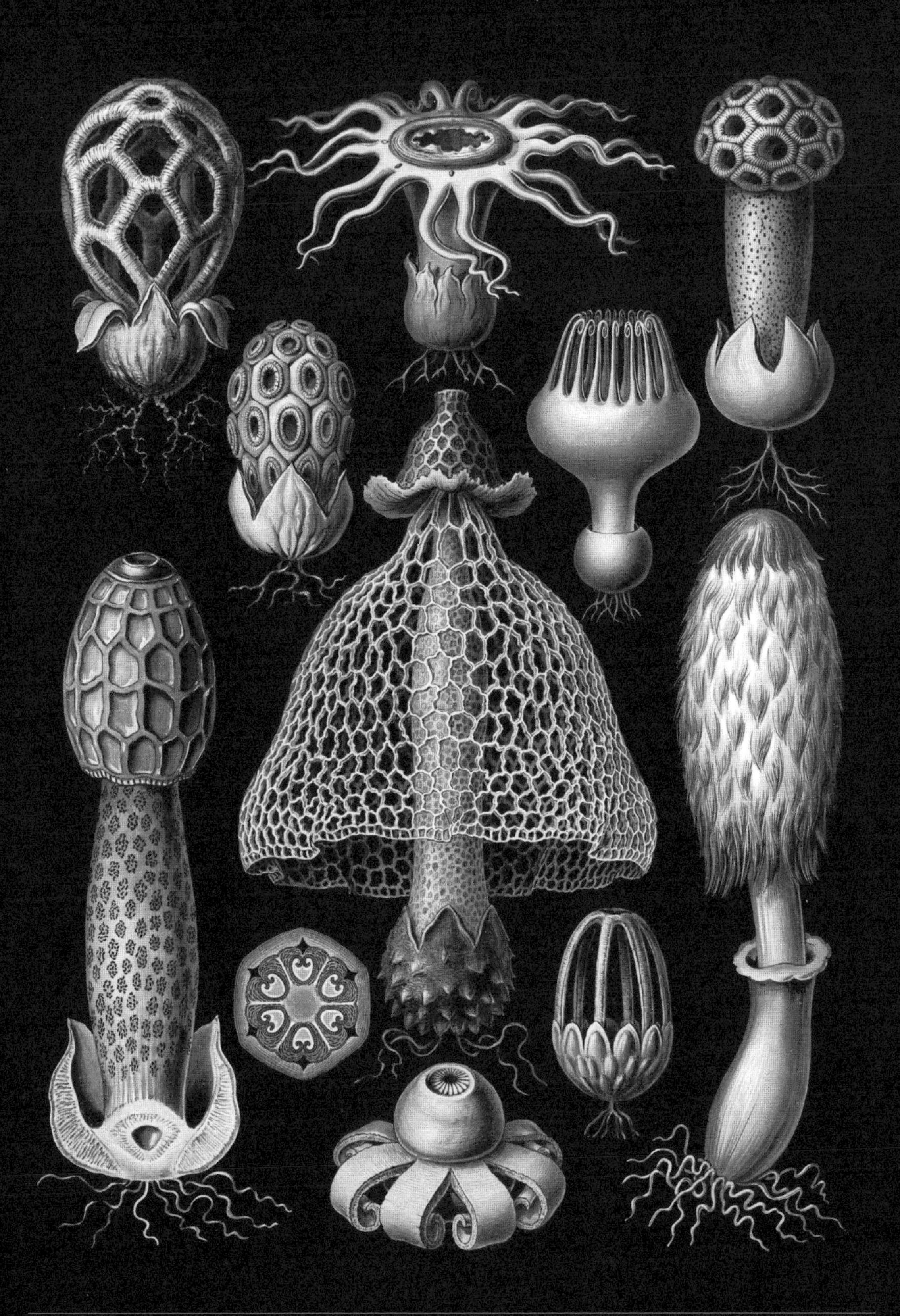

Basimycetes *Dictyophora* 鬼笔属

Tafel 63

Kunstformen der Natur 自然的艺术形态

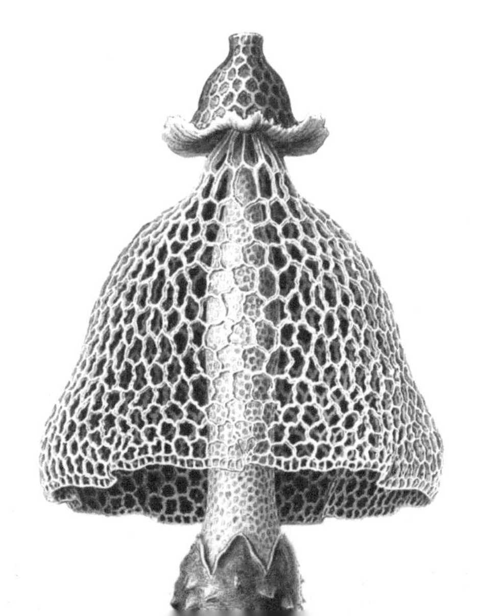

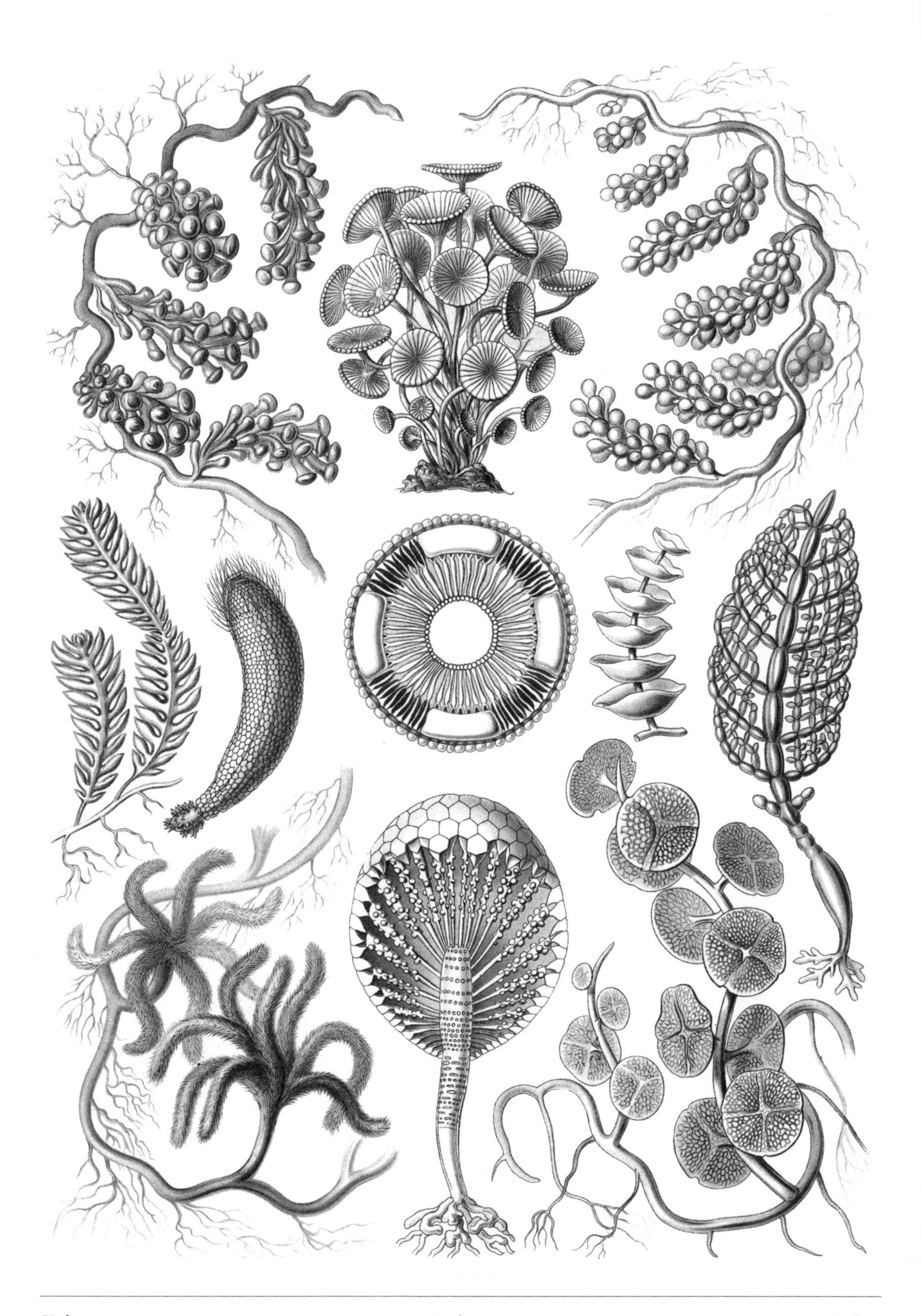

Tafel 64

Kunstformen der Natur　　自然的艺术形态

Tafel 65

Kunstformen der Natur 自然的艺术形态

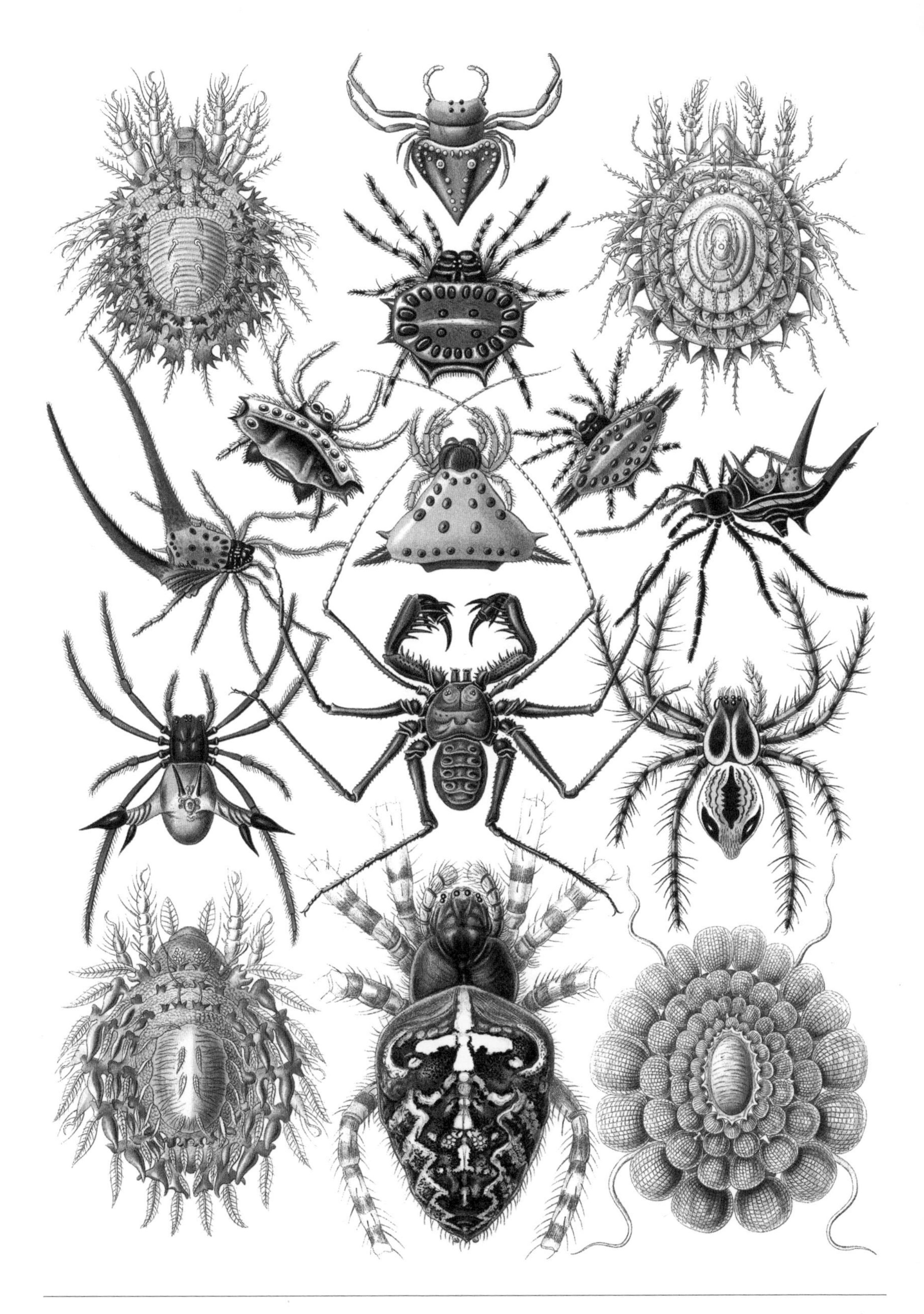

Tafel 66

Kunstformen der Natur　　自然的艺术形态

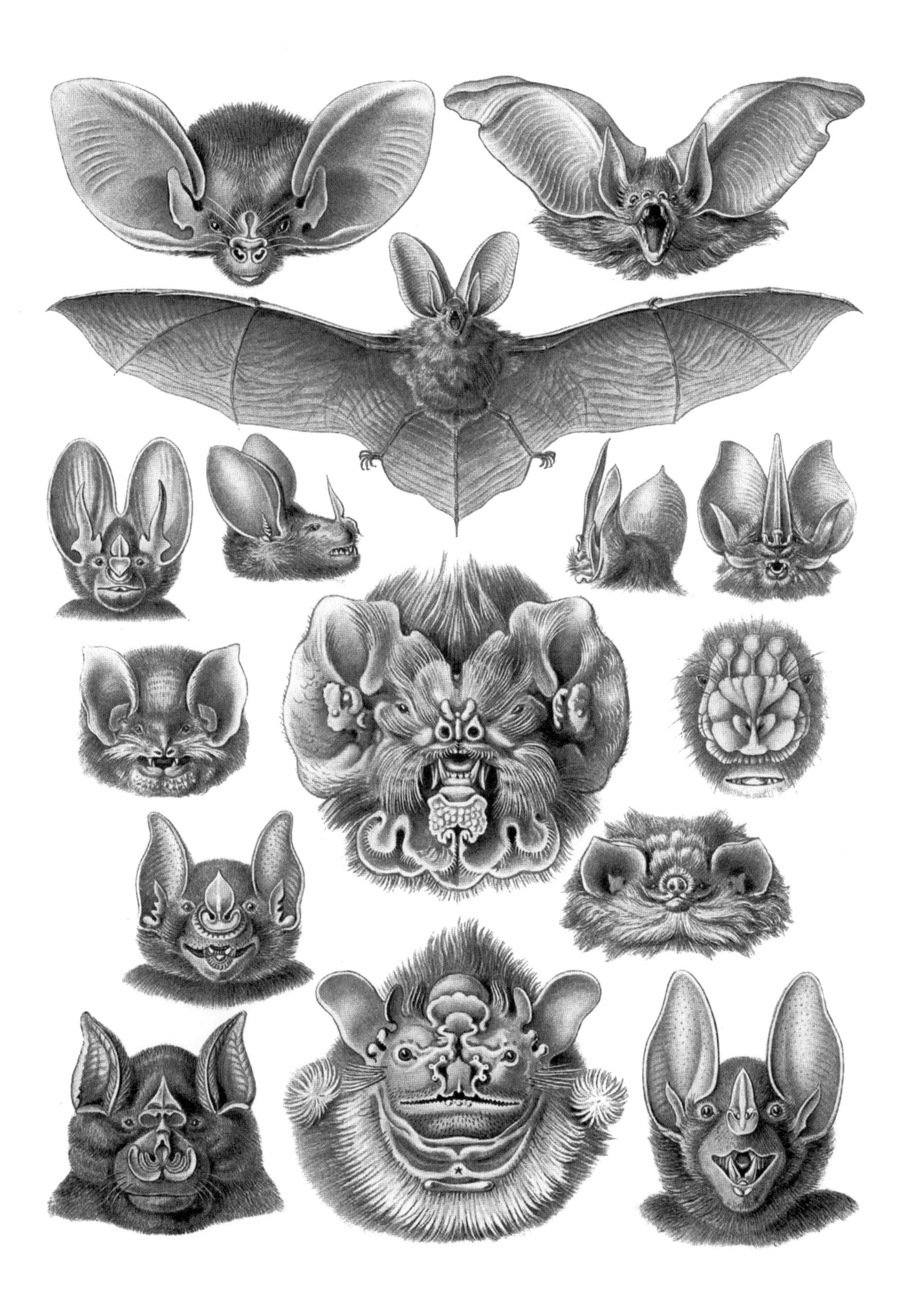

Chiroptera *Vampyrus* 翼手目

Tafel 67

Kunstformen der Natur　自然的艺术形态

Batrachia *Hyla* 无尾目

Tafel 68

Kunstformen der Natur 自然的艺术形态

Hexacoralla *Turbinaria* 六放珊瑚亚纲

Tafel 69

Kunstformen der Natur　　自然的艺术形态

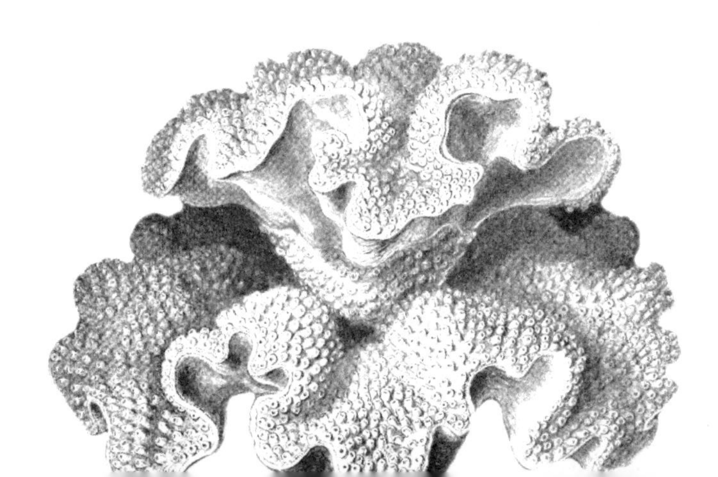

Ophiodea *Astrophyton* 蛇尾纲

Tafel 70

Kunstformen der Natur　　自然的艺术形态

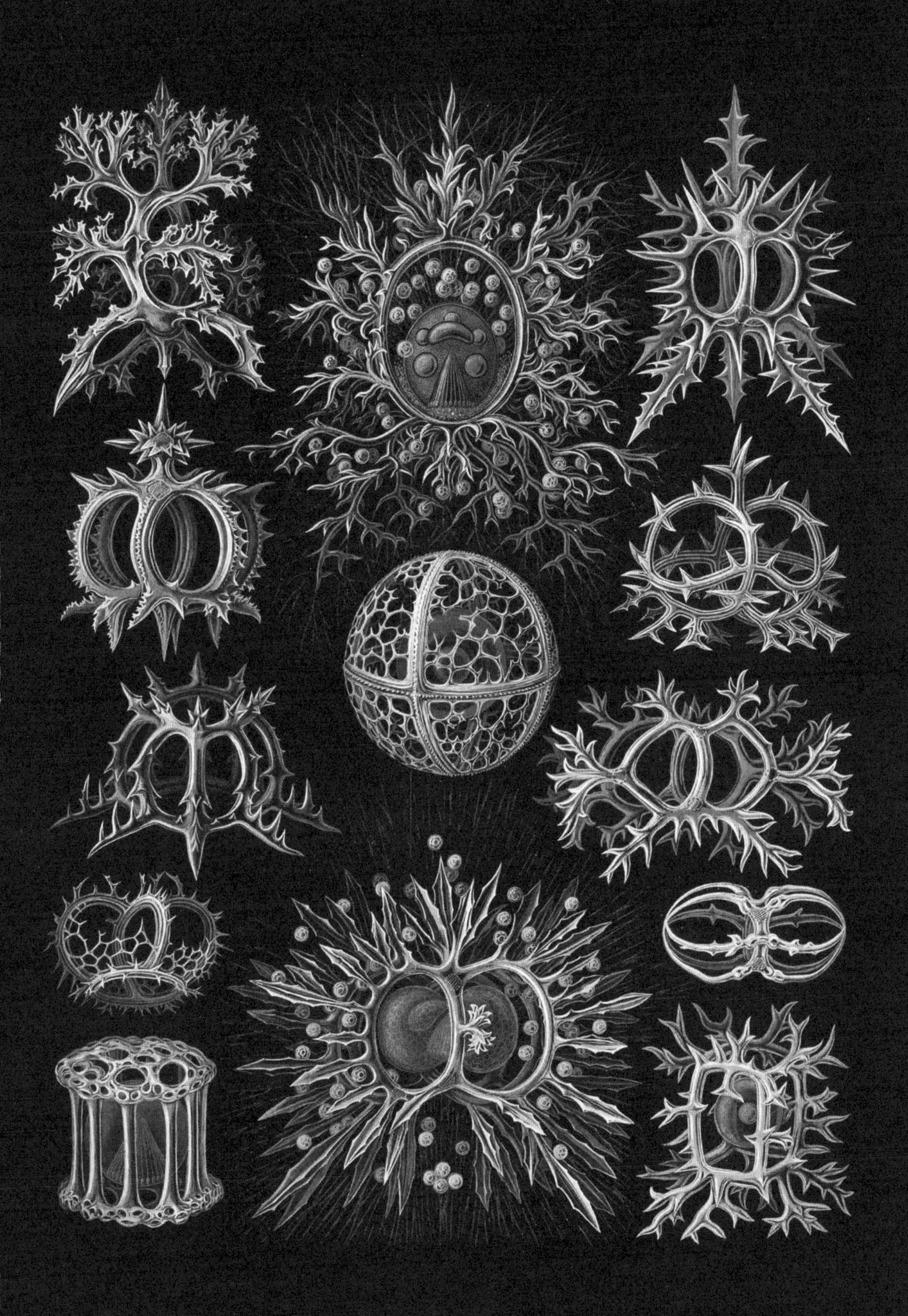

Stephoidea *Tympanidium* 环骨虫亚目

Tafel 71

Kunstformen der Natur　　自然的艺术形态

Muscinae *Polytrichum* 苔藓植物门

Tafel 72

Kunstformen der Natur 自然的艺术形态

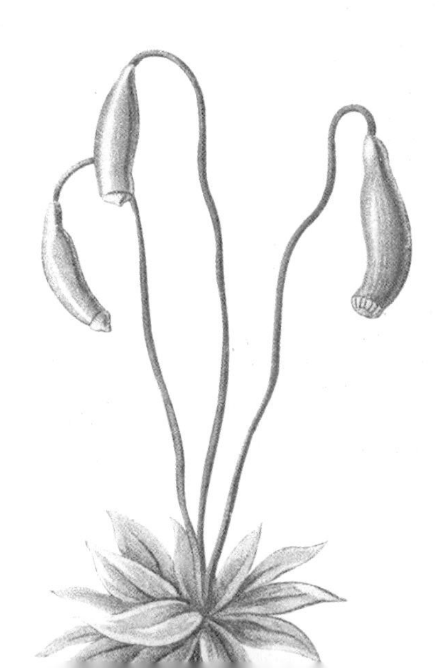

Ascomycetes *Erysiphe* 子囊菌门

Tafel 73

Kunstformen der Natur　　自然的艺术形态

Orchideae *Cypripedium* 兰族

Tafel 74

Kunstformen der Natur 自然的艺术形态

Tafel 75

Kunstformen der Natur　　自然的艺术形态

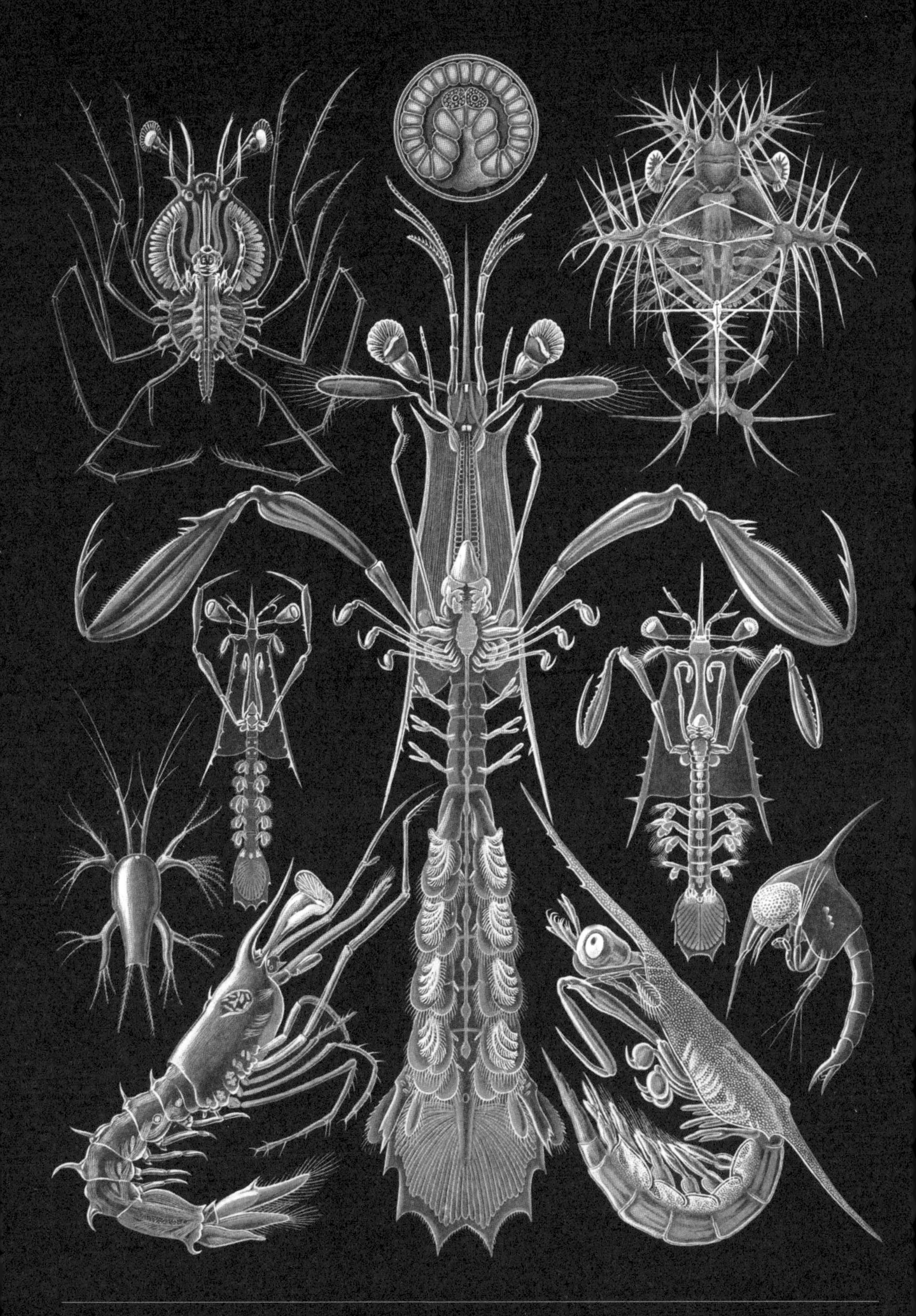

Tafel 76

Kunstformen der Natur　　自然的艺术形态

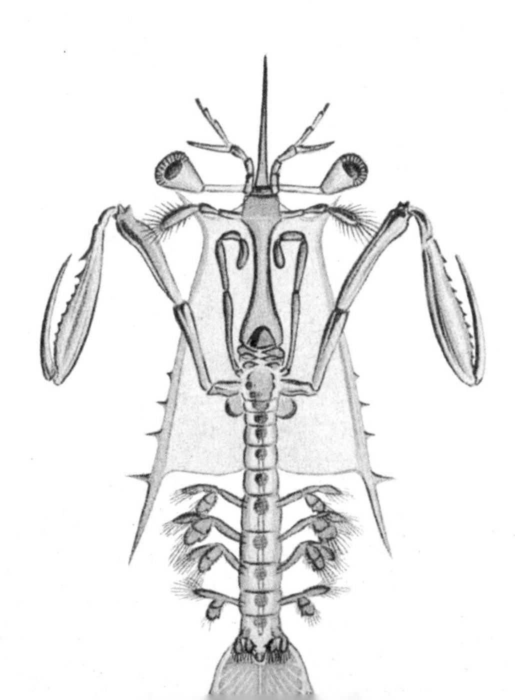

Siphonophorae　　*Bassia*　　管水母目

Tafel 77

Kunstformen der Natur　　自然的艺术形态

Cubomedusae *Charybdea* 立方水母目

Tafel 78

Kunstformen der Natur 自然的艺术形态

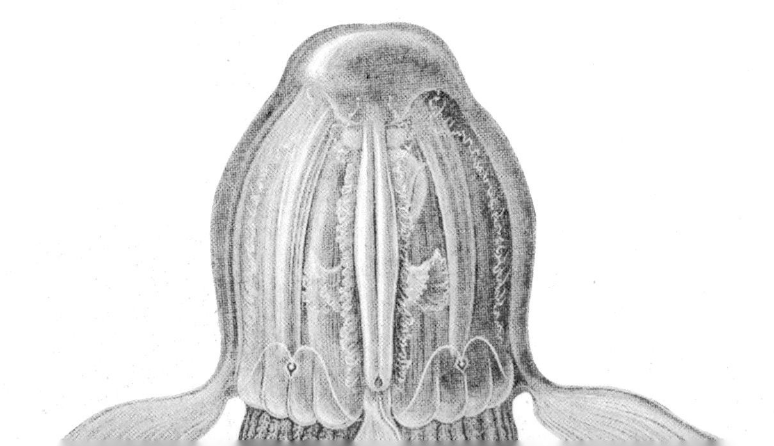

Lacertilia *Basiliscus* 蜥蜴亚目

Tafel 79

Kunstformen der Natur　　自然的艺术形态

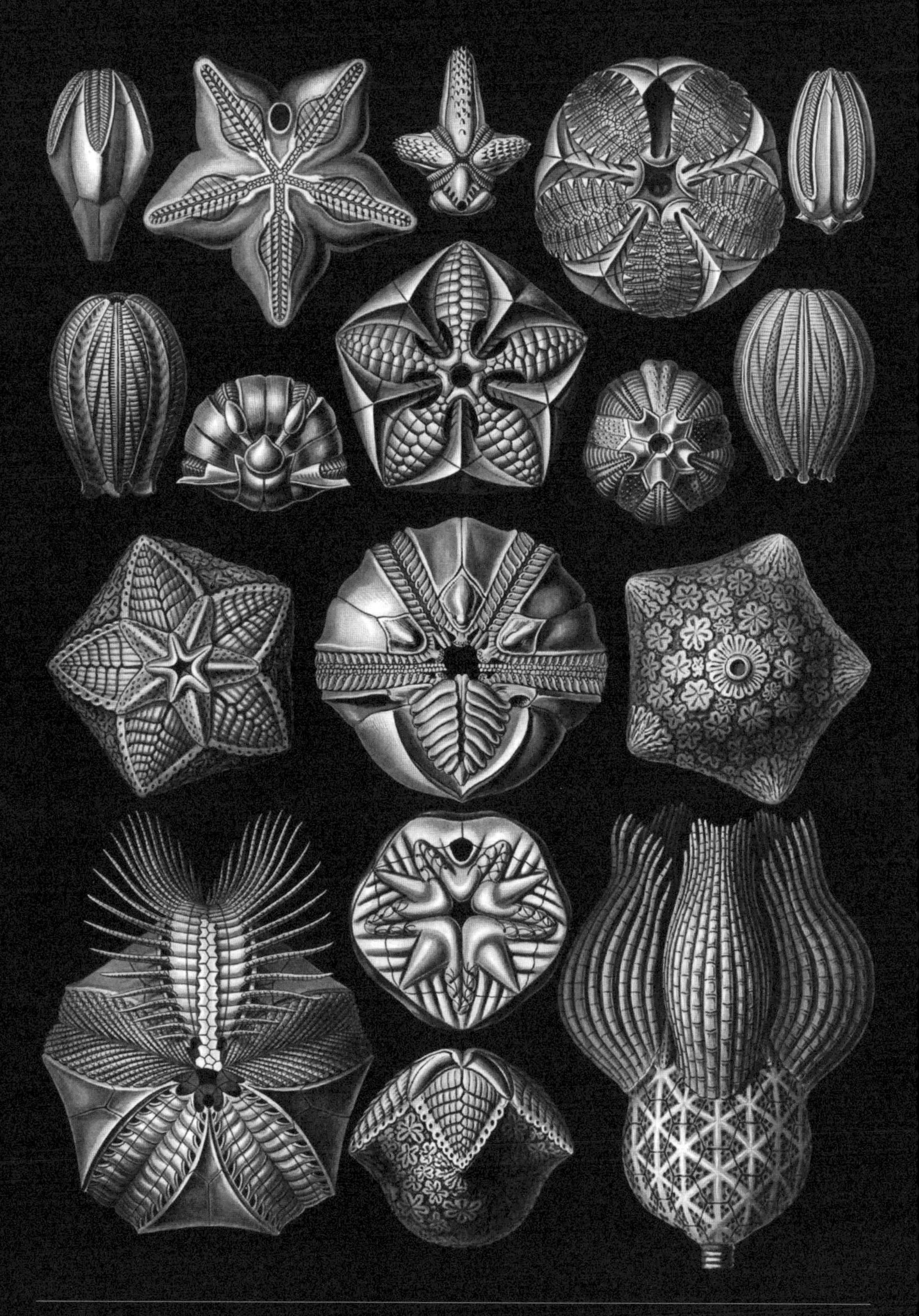

Blastoidea *Pentremites* 海蕾纲

Tafel 80

Kunstformen der Natur　　自然的艺术形态

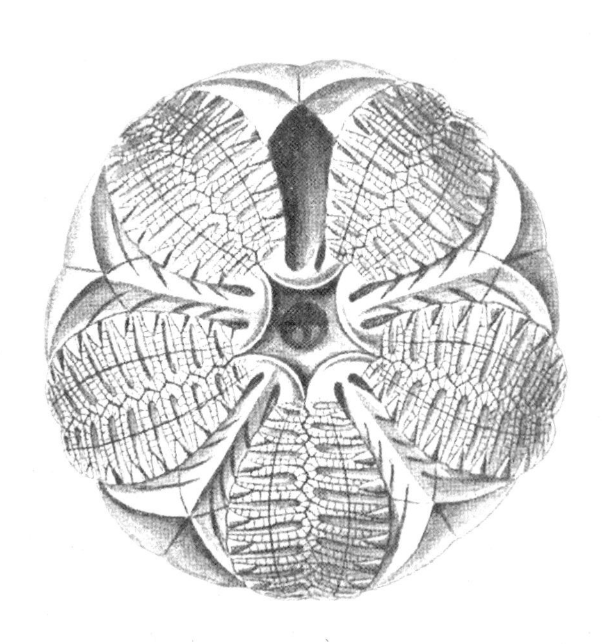

Thalamophora *Lagena* 有孔虫门

Tafel 81

Kunstformen der Natur 自然的艺术形态

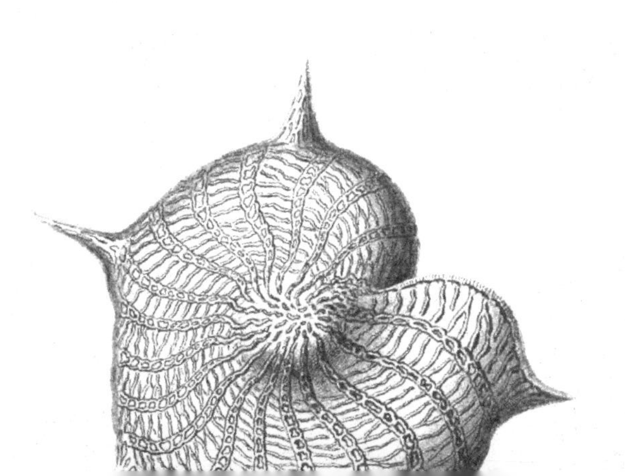

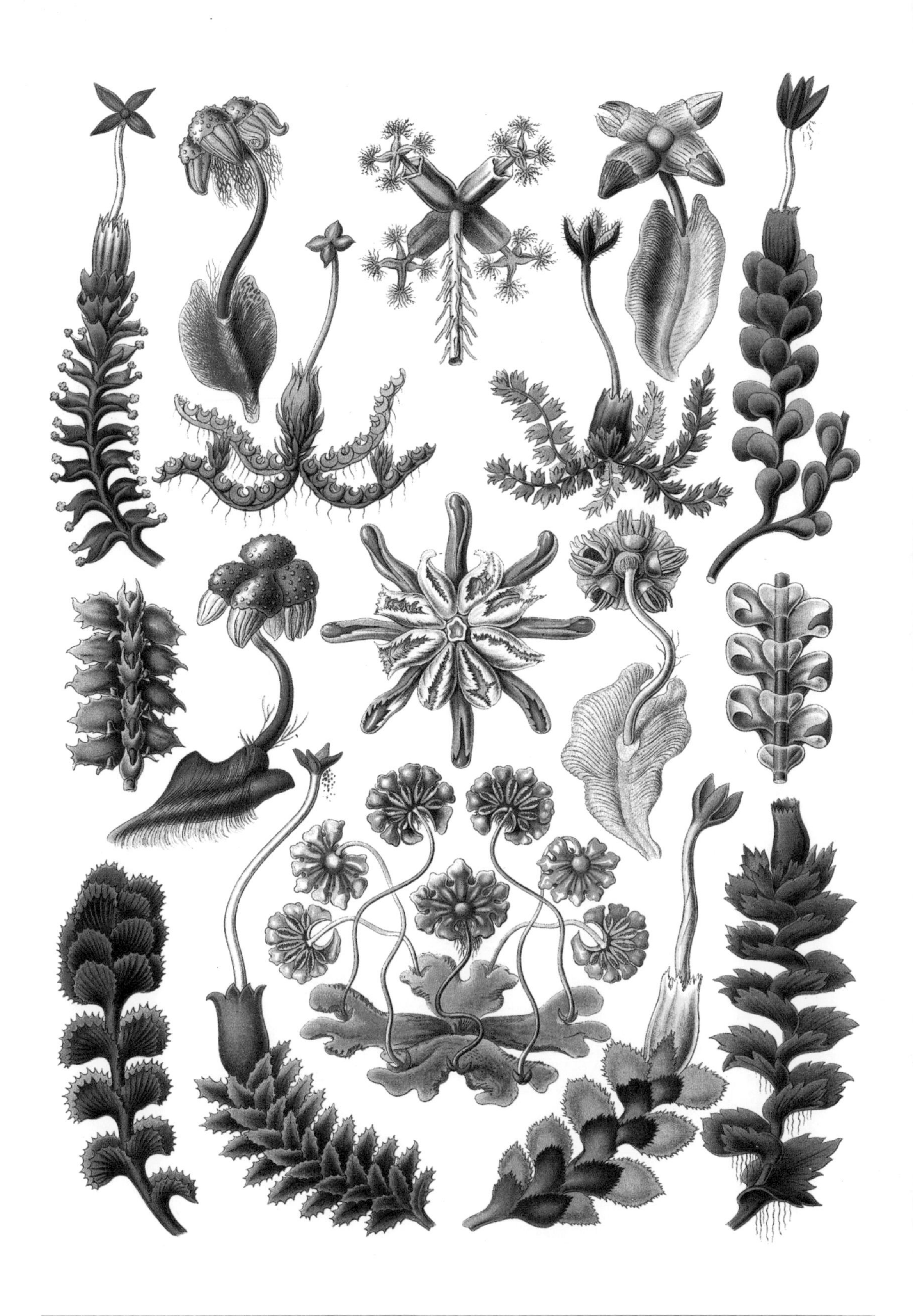

Hepaticae *Marchantia* 地钱门

Tafel 82

Kunstformen der Natur　　自然的艺术形态

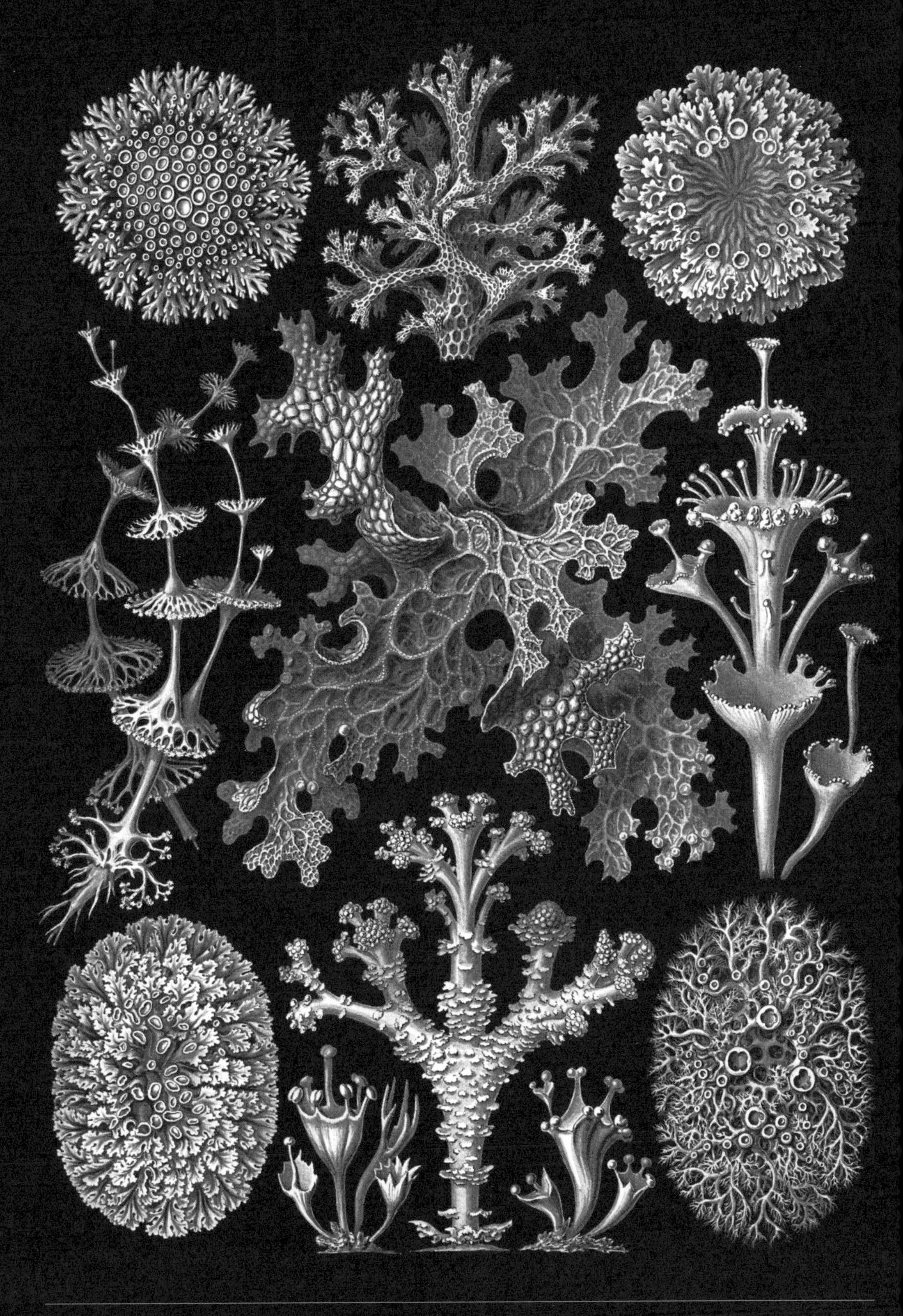

Lichenes *Cladonia* 地衣

Tafel 83

Kunstformen der Natur　　自然的艺术形态

Diatomea *Navicula* 硅藻纲

Tafel 84

Kunstformen der Natur　　自然的艺术形态

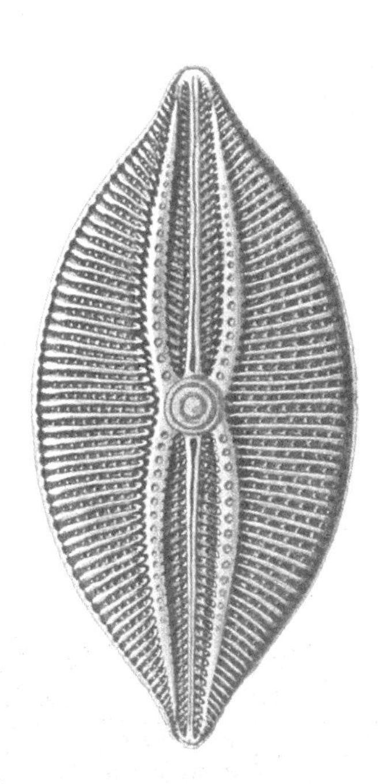

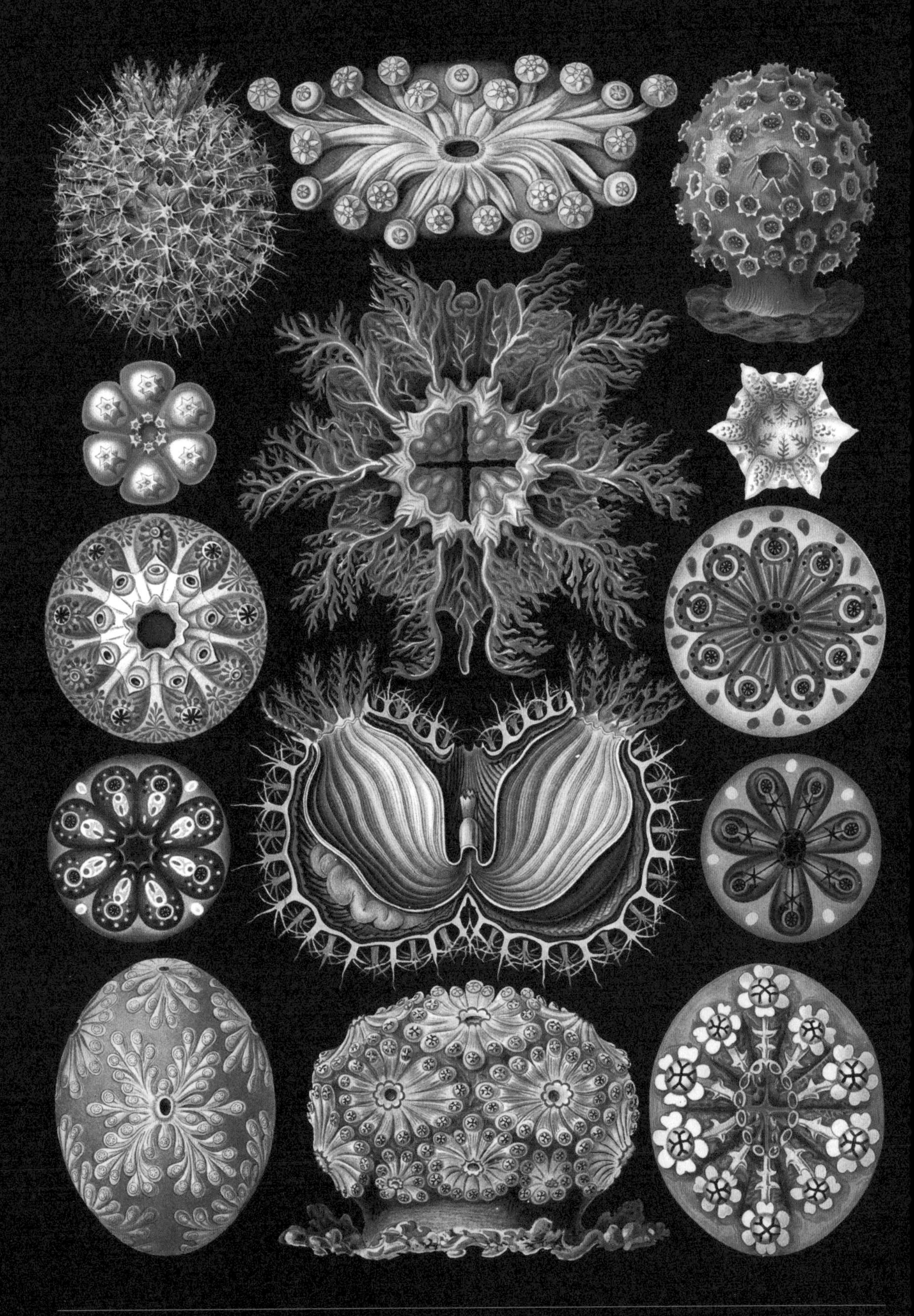

Ascidiae *Cynthia* 海鞘纲

Tafel 85

Kunstformen der Natur　　自然的艺术形态

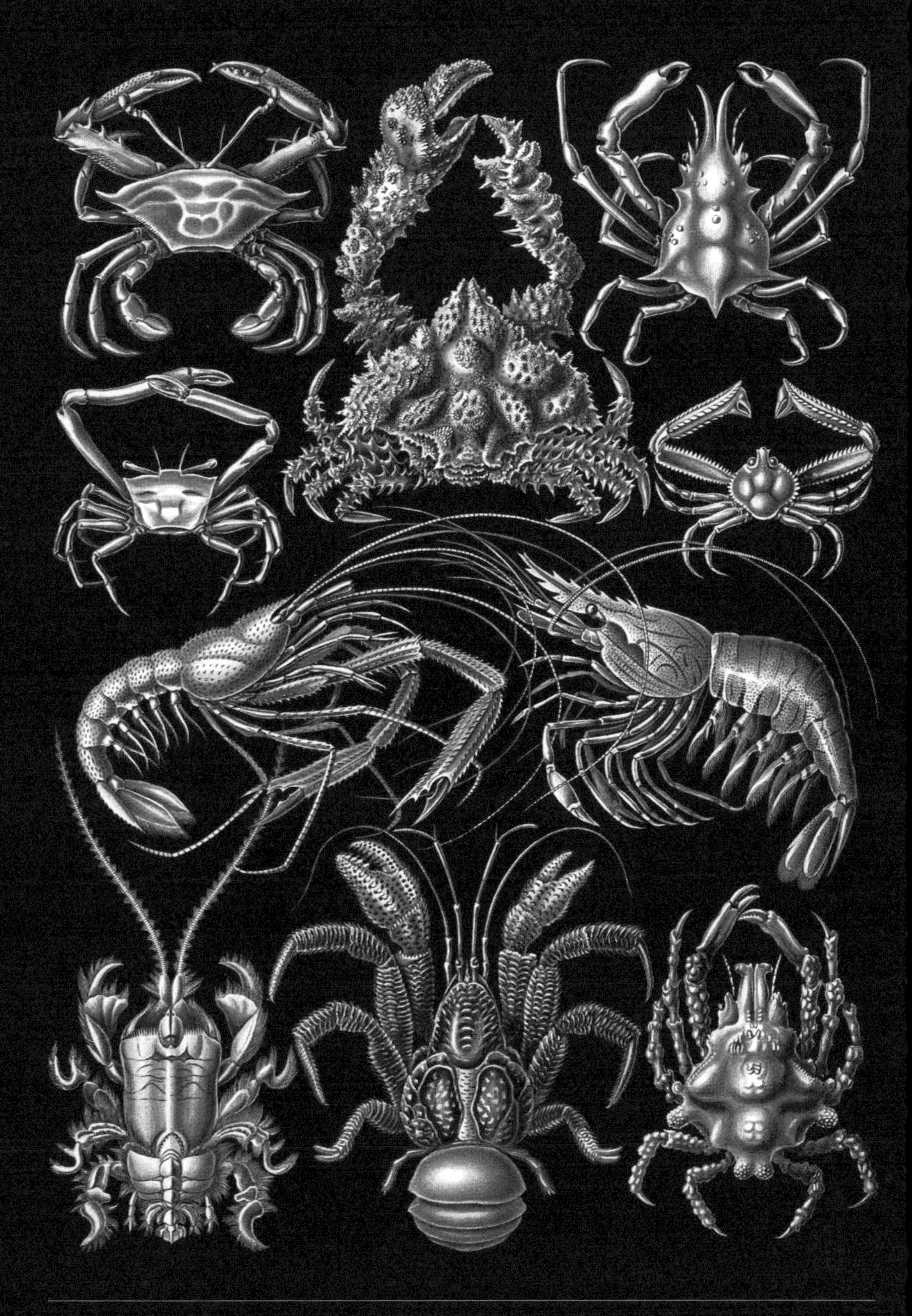

Decapoda *Parthenope* 十足目

Tafel 86

Kunstformen der Natur　　自然的艺术形态

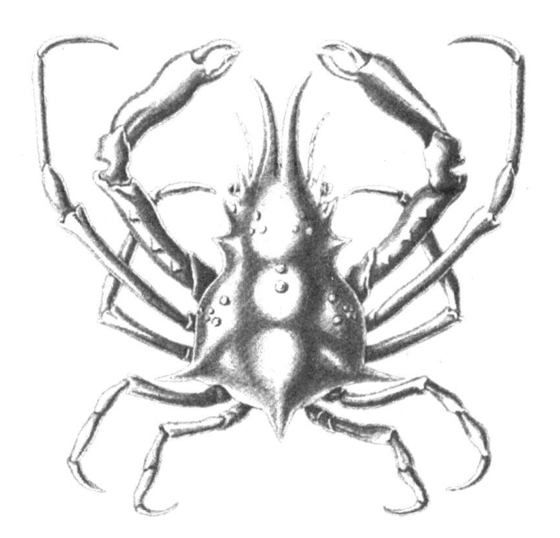

Teleostei *Pegasus* 真骨下纲

Tafel 87

Kunstformen der Natur　　自然的艺术形态

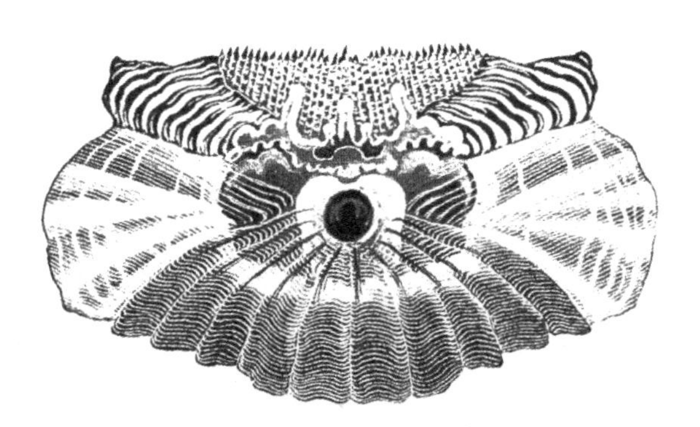

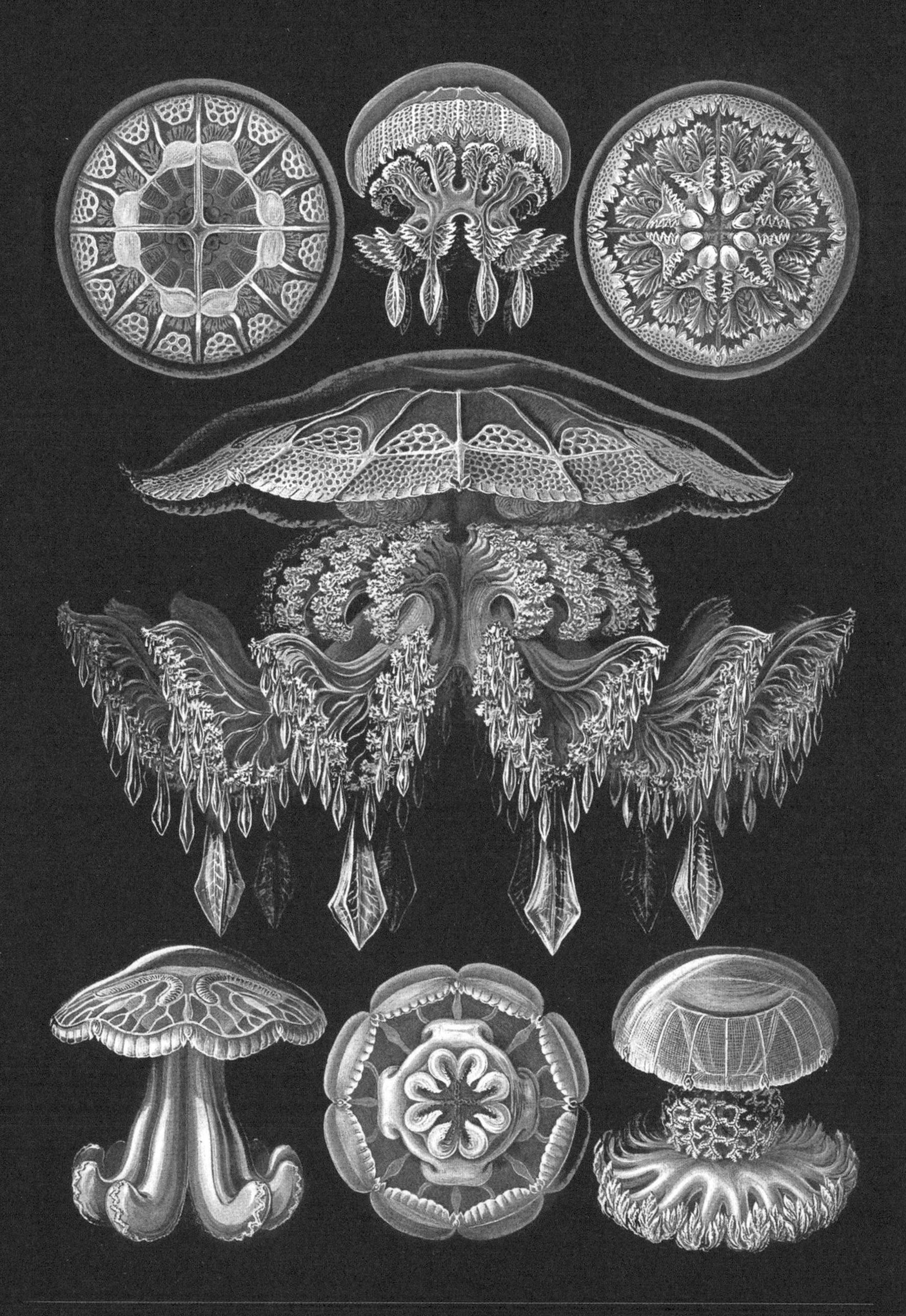

Discomedusae *Pilema* 圆盘水母亚纲

Tafel 88

Kunstformen der Natur 自然的艺术形态

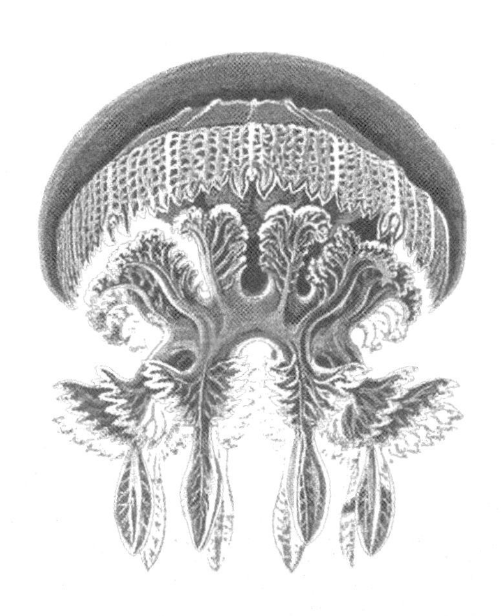

Chelonia *Testudo* 龟鳖目

Tafel 89

Kunstformen der Natur 自然的艺术形态

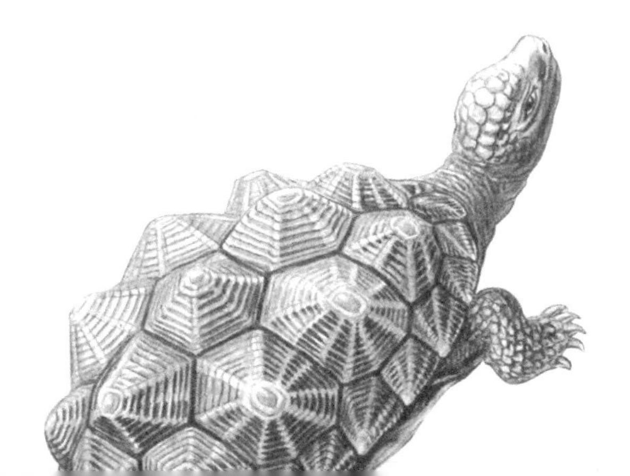

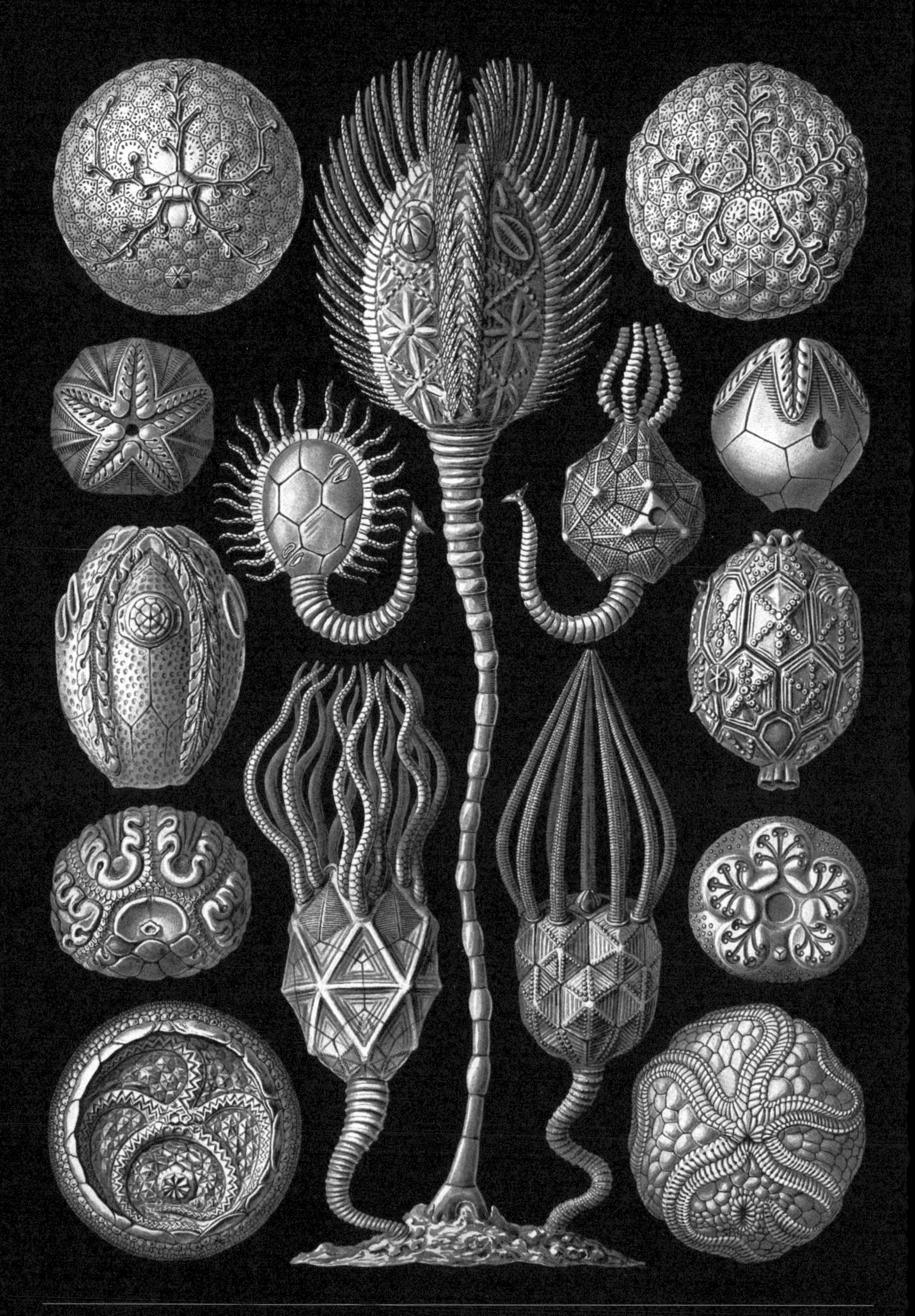

Cystoidea *Callocystis* 海林檎纲

Tafel 90

Kunstformen der Natur　　自然的艺术形态

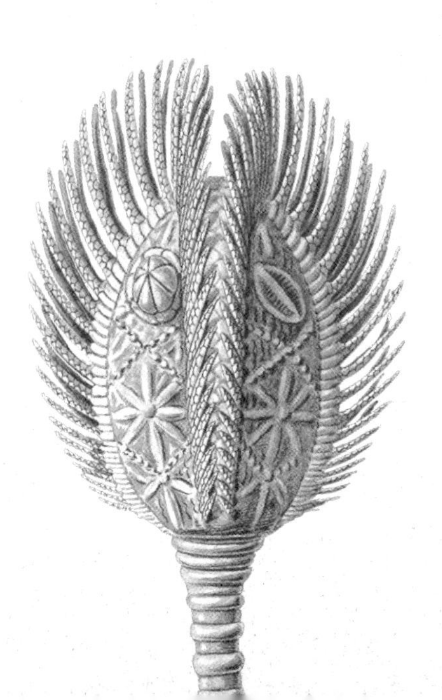

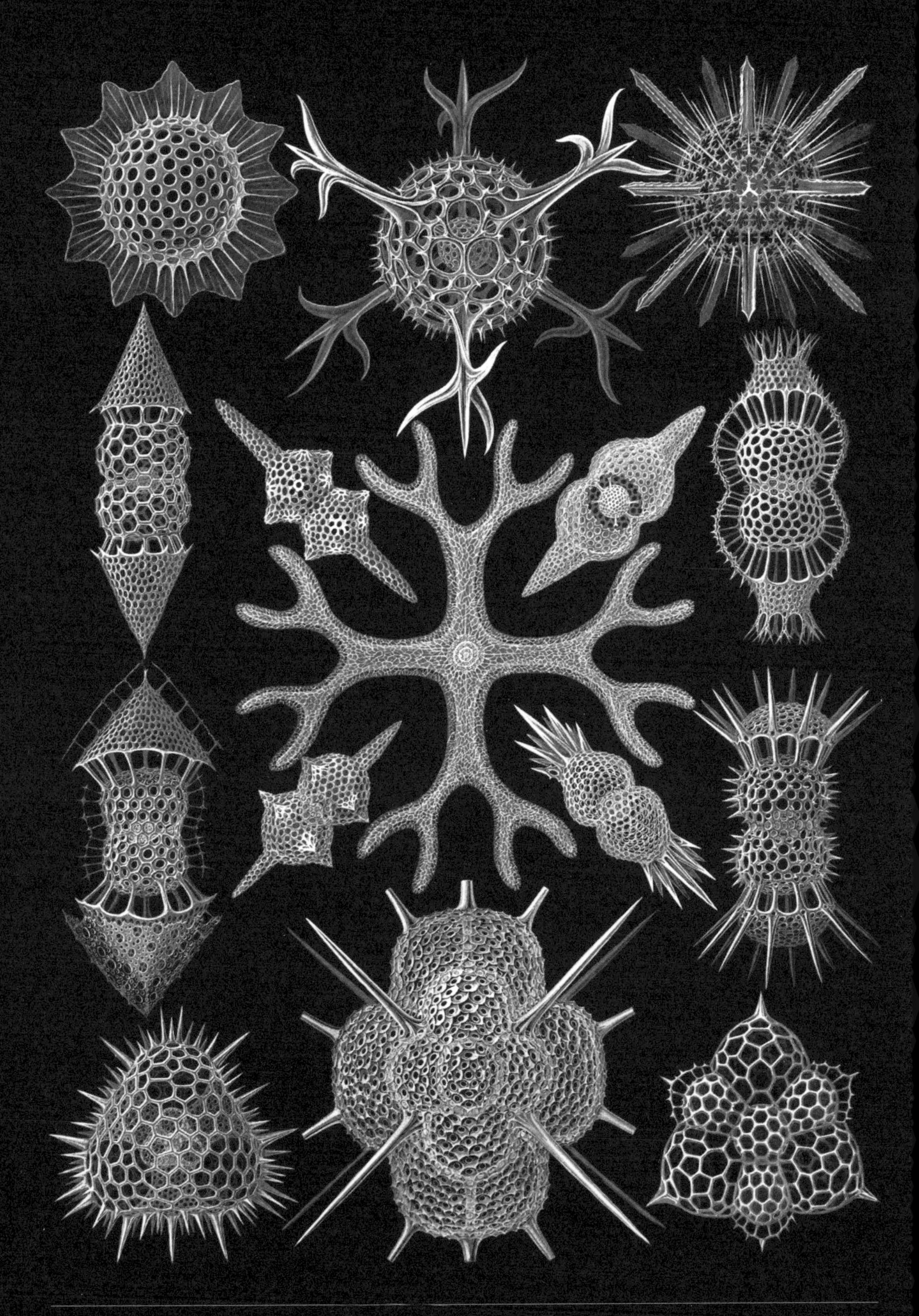

Spumellaria *Astrosphaera* 泡沫虫目

Tafel 91

Kunstformen der Natur　自然的艺术形态

Filicinae *Alsophila* 真蕨纲

Tafel 92

Kunstformen der Natur　　自然的艺术形态

Mycetozoa *Arcyria* 黏菌门

Tafel 93

Kunstformen der Natur　自然的艺术形态

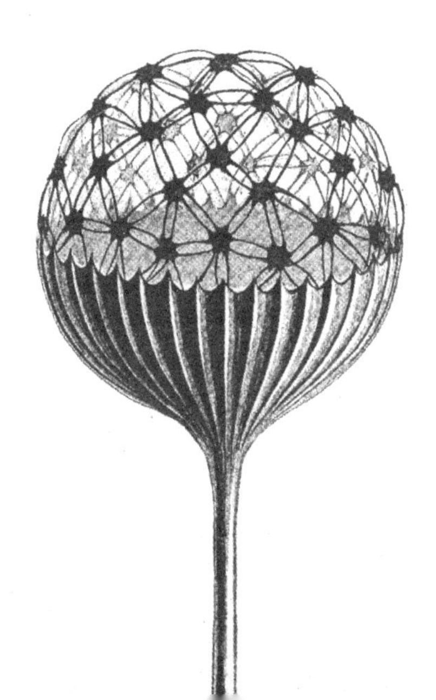

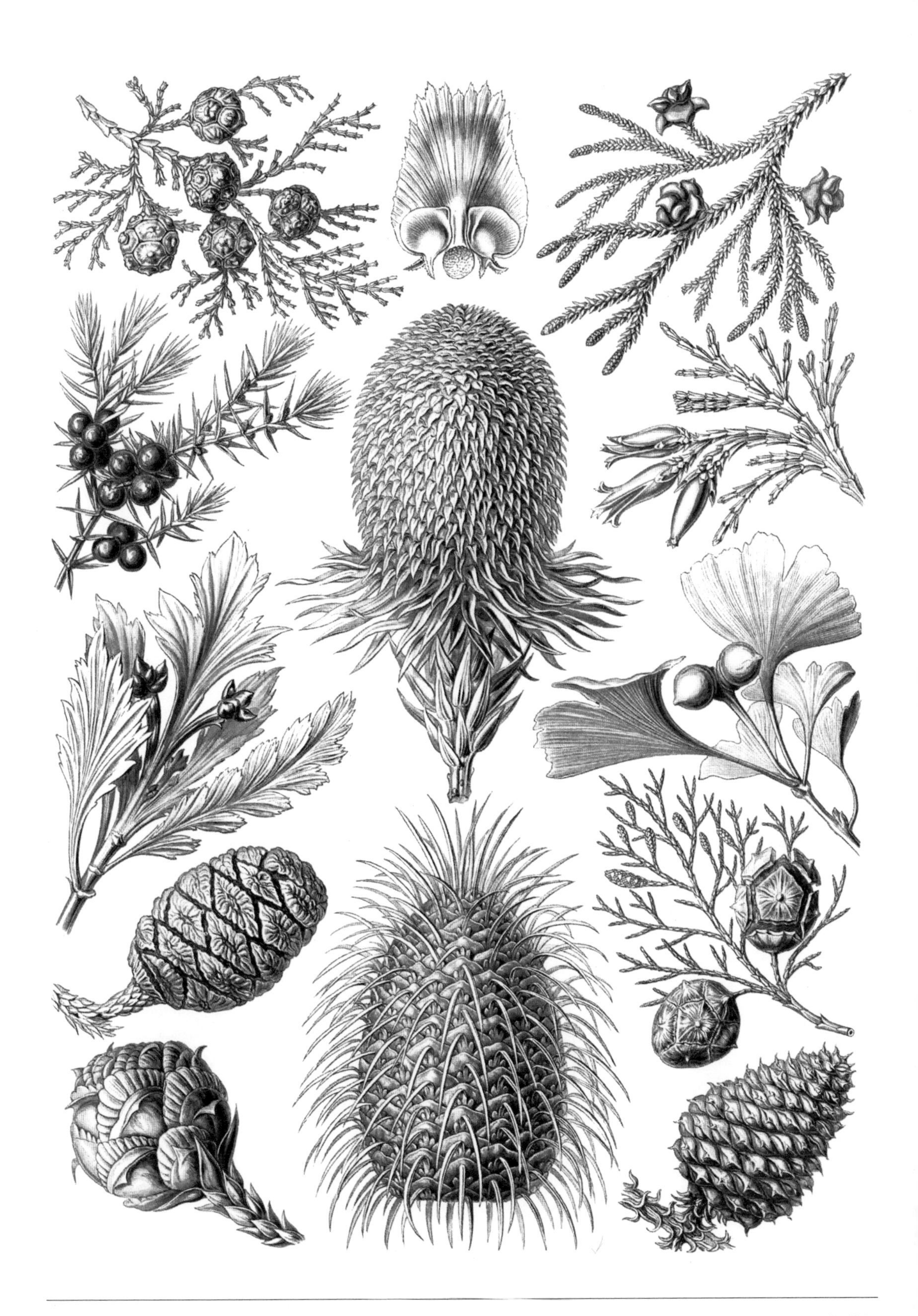

Tafel 94

Kunstformen der Natur　　自然的艺术形态

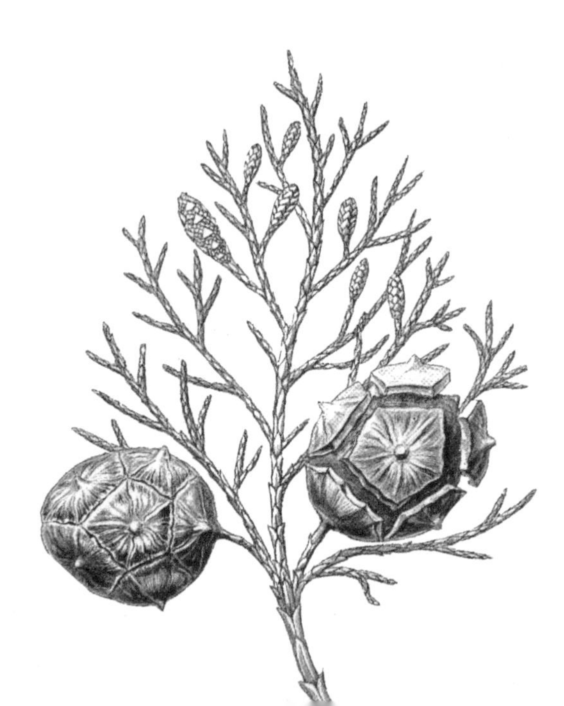

Amphoridea *Placocystis* 团水虱科

Tafel 95

Kunstformen der Natur　　自然的艺术形态

Chaetopoda *Sabella* 环节动物门

Tafel 96

Kunstformen der Natur　　自然的艺术形态

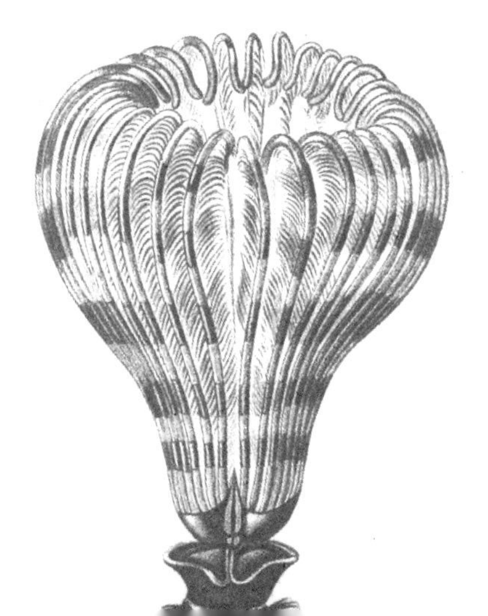

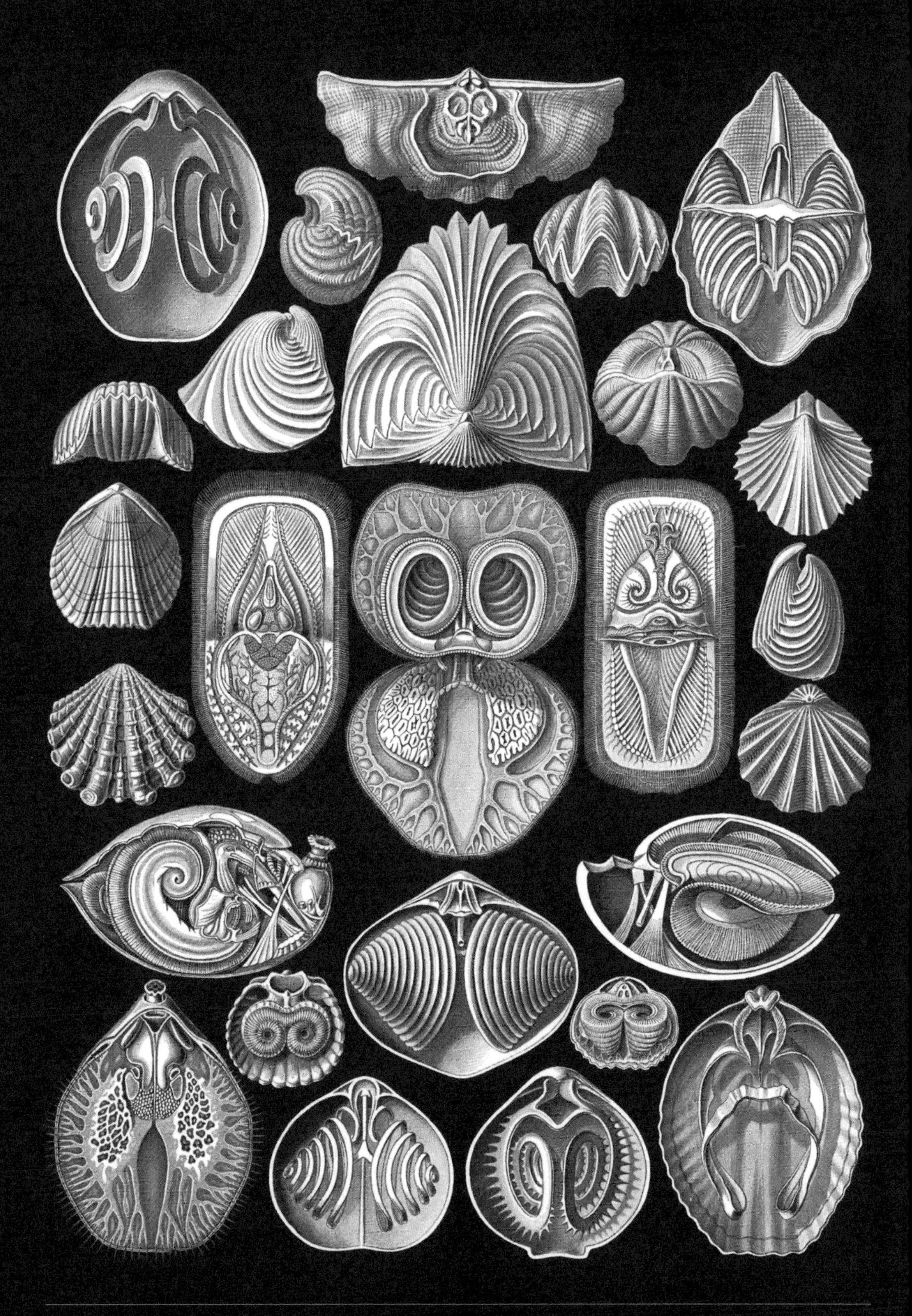

Spirobranchia *Terebratula* 腕足门

Tafel 97

Kunstformen der Natur 自然的艺术形态

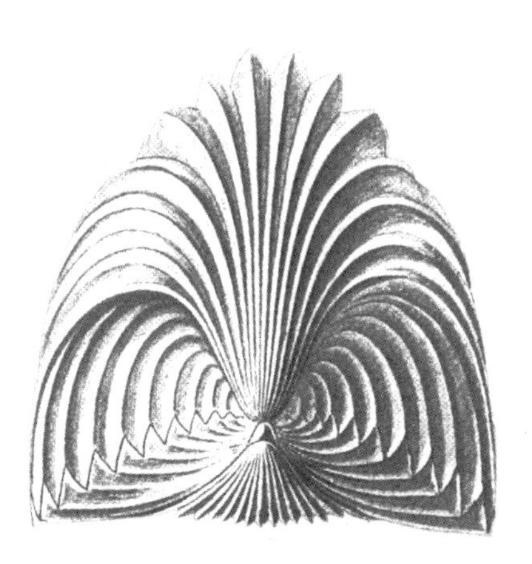

Discomedusae *Aurelia* 圆盘水母亚纲

Tafel 98

Kunstformen der Natur　　自然的艺术形态

Trochilidae *Trochilus* 蜂鸟科

Tafel 99

Kunstformen der Natur　　自然的艺术形态

Antilopina *Antilope* 羚羊亚科

Tafel 100

Kunstformen der Natur　　自然的艺术形态

出版后记

1899 年，恩斯特·海因里希·菲利普·奥古斯特·海克尔（Ernst Heinrich Philipp August Haeckel，1834—1919）着手整理、出版自己在旅行日志或宣传达尔文进化论的著作中绘制的图片。在他陆续发表的十本小册中，海克尔筛选了一百幅图，收录于本书《自然的艺术形态》（*Kunstformen der Natur*）。至 1904 年，他完成了这些工作，在后记处款款落笔：“我创作本书的主要目的实为美学（aesthetic）。我希望大众读者能够通过本书感知自然之美，这些非凡的珍宝藏于深海，或是只能通过显微镜才能观测到的微小生命之中。而我创作本书的科学目的则为深度观察令人震撼的自然形态的组织结构。”

19 世纪的欧洲，充满着开明的科学与浪漫的冒险。人类攀至山巅，行至山谷，远渡长河。此后，从他们留下的珍贵记录中，我们逐渐感悟，自然如一张巨大的网络，把生活于世间的有机生命和无机环境笼络其中，或有冲突，或有相助，万物息息相关。

恩斯特·海克尔便是其中一位，他是动物学家、博物学家、哲学家、达尔文进化论忠实的拥护与传播者，亦是倾注对自然热爱的艺术家。1834 年，海克尔出生于普鲁士的波茨坦（今属德国）。幼年时期，他便阅读了亚历山大·冯·洪堡（Alexander von Humboldt）的著作，从而萌生探索自然的向往。在海克尔职业生涯的初期，他一直在父亲予以他的期望与他所热爱的学科间挣扎，相比于动物学研究，似乎医生这项职业才能令他的人生步入正轨。直至 1859 年，身处那不勒斯的海克尔听闻洪堡离世的消息深感悲痛，他重新考虑后，决心转入艺术与自然科学的研究，而这条道路，就被他称作“光与色彩的诗意世界”。

《自然的艺术形态》迄今为止已发行多个版本，是融合自然科学和艺术感知的实践之作，也是海克尔诸多著作中影响力最为广泛、最受读者喜爱的作品之一。20 世纪初期，在这部作品的感染下，被工业社会困扰的欧洲艺术家们寄情自然，掀起一轮新艺术运动的浪潮。安东尼 · 高迪（Antoni Gaudi）、路易斯 · 沙利文（Louis Sullivan）、路易斯 · 康福特 · 蒂凡尼（Louis Comfort Tiffany）、埃米尔 · 加莱（Émile Gallé）等建筑师、艺术家、手工业者深受本书影响，勒内 · 比奈（René Binet）也受海克尔的启发，将 1900 年法国巴黎世界博览会入口处的纪念拱门设计成海洋微生物的样式。

在这本书里，海克尔描绘的不仅有众多海洋生物，还包括蜂鸟、羚羊、猪笼草等陆生生物。细看这些图版，我们会赞叹海克尔精妙的画技，据说，他在绘画时可以用一只眼观察显微镜，用另一只眼专注绘画。因此在捕捉自然生物之美的同时，他还能够保留其真实的形态，而这些画作的准确性已由现代显微技术证实。

海克尔笔下的放射虫（Radiolaria）是一种刚柔兼具的远洋生物，它柔软的原生质外部包裹着一层硅质骨架。这些浮游生物广泛分布于海水表层或百米深度甚至更深的海域中。因其种类丰富，状如宝石，海克尔很快对它们投入极高的观察和研究热情。他用显微镜观察大量海水样本，发现了百余种未经命名的放射虫。当我们翻阅书中关于放射虫的那些图版，很容易联想到精致的工艺品，比如缀满珠玉的皇冠或玲珑精巧的项链。如果说放射虫体现了自然界中的对称与秩序，那么水母则表现了生命的柔软、繁复与浪漫。本书的第八幅图版是一种特别的圆盘水母（Discomedusae），它们垂于伞体边缘轻柔蜷曲的触手令海克尔想起亡妻安娜如瀑如藻的秀发，当他发现它们的时候，津津有味地观察了几个小时，决定将其命名为 *Desmonema annasethe*（后来更名为 *Cyanea annasethe*）。

科学并非只限于复杂的推演与严谨的论著，艺术也能够成为其中一种传播工具。如今，我们足以跨越时间之河与经典对话，透过书页追溯百年前生物的痕迹。为求还原作品本貌，在编校过程中，编者保留了原文命名，但由于本书创作的年代较为久远，生物的分类与命名可能已发生变化。翻译生物分类译名时参考中国生物志库等来源，但由于编者水平有限，书中难免存在疏漏和不足，敬请广大读者批评指正。

后浪出版公司